“十三五”国家重点出版物出版规划项目
可靠性新技术丛书

国防科技图书出版基金

机械磨损可靠性设计与分析技术

Mechanical Wear Reliability Design and Analysis Technique

孙志礼　闫玉涛　杨　强　编著

国防工业出版社
·北京·

图书在版编目(CIP)数据

机械磨损可靠性设计与分析技术 / 孙志礼,闫玉涛,
杨强编著. —北京:国防工业出版社,2022.11 重印
(可靠性新技术丛书)
ISBN 978-7-118-12044-8

Ⅰ. ①机… Ⅱ. ①孙… ②闫… ③杨… Ⅲ. ①机械设
计-可靠性设计②机械-磨损-分析 Ⅳ. ①TH122
②TH117.1

中国版本图书馆 CIP 数据核字(2020)第 062827 号

※

国防工业出版社出版发行

(北京市海淀区紫竹院南路 23 号 邮政编码 100048)
北京虎彩文化传播有限公司印刷
新华书店经售
*
开本 710×1000 1/16 印张 10 字数 185 千字
2022 年 11 月第 1 版第 2 次印刷 印数 2001—2600 册 定价 76.00 元

(本书如有印装错误,我社负责调换)

国防书店:(010)88540777 发行邮购:(010)88540776
发行传真:(010)88540755 发行业务:(010)88540717

致 读 者

本书由中央军委装备发展部**国防科技图书出版基金**资助出版。

为了促进国防科技和武器装备发展，加强社会主义物质文明和精神文明建设，培养优秀科技人才，确保国防科技优秀图书的出版，原国防科工委于1988年初决定每年拨出专款，设立国防科技图书出版基金，成立评审委员会，扶持、审定出版国防科技优秀图书。这是一项具有深远意义的创举。

国防科技图书出版基金资助的对象是：

1. 在国防科学技术领域中，学术水平高，内容有创见，在学科上居领先地位的基础科学理论图书；在工程技术理论方面有突破的应用科学专著。

2. 学术思想新颖，内容具体、实用，对国防科技和武器装备发展具有较大推动作用的专著；密切结合国防现代化和武器装备现代化需要的高新技术内容的专著。

3. 有重要发展前景和有重大开拓使用价值，密切结合国防现代化和武器装备现代化需要的新工艺、新材料内容的专著。

4. 填补目前我国科技领域空白并具有军事应用前景的薄弱学科和边缘学科的科技图书。

国防科技图书出版基金评审委员会在中央军委装备发展部的领导下开展工作，负责掌握出版基金的使用方向，评审受理的图书选题，决定资助的图书选题和资助金额，以及决定中断或取消资助等。经评审给予资助的图书，由中央军委装备发展部国防工业出版社出版发行。

国防科技和武器装备发展已经取得了举世瞩目的成就，国防科技图书承担着记载和弘扬这些成就，积累和传播科技知识的使命。开展好评审工作，使有限的基金发挥出巨大的效能，需要不断摸索、认真总结和及时改进，更需要国防科技和武器装备建设战线广大科技工作者、专家、教授，以及社会各界朋友的热情支持。

让我们携起手来，为祖国昌盛、科技腾飞、出版繁荣而共同奋斗！

国防科技图书出版基金

评审委员会

V

VII

丛书序

可靠性理论与技术发源于20世纪50年代,在西方工业化先进国家得到了学术界、工业界广泛持续的关注,在理论、技术和实践上均取得了显著的成就。20世纪60年代,我国开始在学术界和电子、航天等工业领域关注可靠性理论研究和技术应用,但是由于众所周知的原因,这一时期进展并不顺利。直到20世纪80年代,国内才开始系统化地研究和应用可靠性理论与技术,但在发展初期,主要以引进吸收国外的成熟理论与技术进行转化应用为主,原创性的研究成果不多,这一局面直到20世纪90年代才开始逐渐转变。1995年以来,在航空航天及国防工业领域开始设立可靠性技术的国家级专项研究计划,标志着国内可靠性理论与技术研究的起步;2005年,以国家863计划为代表,开始在非军工领域设立可靠性技术专项研究计划;2010年以来,在国家自然科学基金的资助项目中,各领域的可靠性基础研究项目数量也大幅增加。同时,进入21世纪以来,在国内若干单位先后建立了国家级、省部级的可靠性技术重点实验室。上述工作全方位地推动了国内可靠性理论与技术研究工作。当然,随着中国制造业的快速发展,特别是《中国制造2025》的颁布,中国正从制造大国向制造强国的目标迈进,在这一进程中,中国工业界对可靠性理论与技术的迫切需求也越来越强烈。工业界的需求与学术界的研究相互促进,使得国内可靠性理论与技术自主成果层出不穷,极大地丰富和充实了已有的可靠性理论与技术体系。

在上述背景下,我们组织撰写了这套可靠性新技术丛书,以集中展示近5年国内可靠性技术领域最新的原创性研究和应用成果。在组织撰写丛书过程中,坚持了以下几个原则:

一是**坚持原创**。丛书选题的征集,要求每一本图书反映的成果都要依托国家级科研项目或重大工程实践,确保图书内容反映理论、技术和应用创新成果,力求做到每一本图书达到专著或编著水平。

二是**体系科学**。丛书框架的设计,按照可靠性系统工程管理、可靠性设计与试验、故障诊断预测与维修决策、可靠性物理与失效分析4个板块组织丛书的选题,基本上反映了可靠性技术作为一门新兴交叉学科的主要内容,也能在一定时期内保证本套丛书的开放性。

三是**保证权威**。丛书作者的遴选，汇聚了一支由国内可靠性技术领域长江学者特聘教授、千人计划专家、国家杰出青年基金获得者、973项目首席科学家、国家级奖获得者、大型企业质量总师、首席可靠性专家等领衔的高水平作者队伍，这些高层次专家的加盟奠定了丛书的权威性地位。

四是**覆盖全面**。丛书选题内容不仅覆盖了航空航天、国防军工行业，还涉及了轨道交通、装备制造、通信网络等非军工行业。

这套丛书成功入选"十三五"国家重点出版物出版规划项目，主要著作同时获得国家科学技术学术著作出版基金、国防科技图书出版基金以及其他专项基金等的资助。为了保证这套丛书的出版质量，国防工业出版社专门成立了由总编辑挂帅的丛书出版工作领导小组和由可靠性领域权威专家组成的丛书编审委员会，从选题征集、大纲审定、初稿协调、终稿审查等若干环节设置评审点，依托领域专家逐一对入选丛书的创新性、实用性、协调性进行审查把关。

我们相信，本套丛书的出版将推动我国可靠性理论与技术的学术研究跃上一个新台阶，引领我国工业界可靠性技术应用的新方向，并最终为"中国制造2025"目标的实现做出积极的贡献。

康锐

2018年5月20日

前言

摩擦学是研究机械系统中两个相互运动接触表面的摩擦、磨损和润滑现象、规律与技术的工程科学,界面相互作用的机理和结果决定着摩擦、磨损和润滑行为。摩擦学是机械工程学科的重要组成部分,其研究意义在于节约资源,延长机械装备的服役寿命和提高工作可靠性。特别是现今人类为追求国民经济可持续发展需面临的节约资源的战略任务,摩擦学研究就变得更加重要。

磨损是导致机械产品零部件报废的主要原因之一,约75%的故障是由于摩擦副的磨损引起的,同时还会导致设备零件的寿命下降,甚至还会引起机械设备事故。机械可靠性是机械产品重要的质量特性之一,它反映了机械产品在使用过程中磨损、精度、刚度等性能指标的稳定性和保持能力,是机械产品性能的延伸和扩展,也是机械产品出厂后性能随时间变化的评价指标。

本书在摩擦学理论和可靠性理论的基础上,重点考虑随机性问题,来探究机械产品摩擦磨损规律和失效机理对机械产品可靠性指标的作用特点,从而建立精准的机械产品摩擦磨损性能评估预测模型。本书系统论述了机械摩擦磨损可靠性的建模、评估及设计方法,通过融合摩擦学设计和机械可靠性设计,提出了基于机械产品摩擦磨损的可靠性设计理论与方法,准确评估了机械系统在摩擦磨损条件下的使用寿命,有效开展了对机械系统的耐磨设计等问题的探讨。

本书是集作者所在研究团队多年的研究成果撰写而成,主要包括摩擦学基本知识、可靠性基本知识、摩擦磨损试验方案设计及数据处理、磨损预测静态模型、磨损的随机及模糊可靠性预测、磨损随机过程分析及基本模型、基于随机过程的磨损可靠性预测等研究内容。本书理论与实践相结合,具有创新性,对于提高产品全寿命周期的可靠性具有重大意义,可为从事相关研究的科研工作者、工程技术人员提供参考。

本书由东北大学孙志礼统稿。第1、5章由孙志礼撰写,第2、3、4章由闫玉涛撰写,第6章由杨强撰写。

本书在编写过程中参阅了很多相关资料,在此对原著作者表示衷心的感谢。同时,本书获得国防科技图书出版基金资助,在此表示感谢。

由于作者水平有限,书中难免存在不妥之处,敬请广大读者批评指正。

作者
2019 年 5 月

目录

Contents

第1章

绪　　论

1.1　概　　述

1966 年 2 月英国教育科学研究部发表了《关于摩擦学教育和研究报告》,首次提出摩擦学(Tribology)一词,并将其定义为:研究相对运动的相互作用表面的有关理论与实践的一门科学技术[1-2]。随着表面改性技术的不断发展,摩擦学研究的内容也在进一步的扩大。

从材料消耗的角度来说,80%的机械设备失效是由摩擦磨损引起的,根据统计,现今世界能源消耗的 1/3～1/2 是因为摩擦磨损导致的。磨损是机械零件报废的主要原因之一,约 75%的故障是由摩擦副的磨损引起的[2-4]。磨损除了会引起机械设备的故障,还会导致设备零件的寿命下降,甚至还会引起机械设备事故。经过 30 多年的发展,我国机械装备的摩擦学性能虽然有了较大的提高,但基础零部件的摩擦学性能与先进国家比仍然存在较大的差距,所以开展摩擦学的研究,对于节约能源、节约材料、减少磨损、提高资源利用率和保护环境等具有重要意义[5]。

磨损是影响机械使用寿命的重要因素,设计者对零部件进行磨损量的计算和预测是非常必要的,主要体现在如下几方面[6]:

(1) 可估算摩擦系统的寿命。材料的磨损决定了零部件的寿命,材料磨损量的预测是零部件磨损寿命预测的基础。掌握了磨损规律才能有效地预测机器零件的使用寿命。

(2) 可进行摩擦系统的耐磨损设计。耐磨损设计就是通过对摩擦系统磨损量随工况变化的分析,来确定影响磨损的主要因素,从而在设计中选取最佳参数或采取相应对策,以减轻或控制磨损的不利影响。

(3) 确定摩擦系统的磨损方式。通过考察磨损量及其变化趋势,可推断出磨损的主要类型,这主要是基于不同磨损方式有不同磨损量的原理。正确地判断出材料的磨损类型,可以有针对性地选择合理的方法进行磨损趋势的预测,对于有的放矢地采取措施提高材料耐磨性能有重要的意义。

可靠性是指系统或设备在规定的条件下、规定的时间区间内,完成规定功能的能力。可靠性预测主要包括两个方面:一是对产品在规定的条件下和规定的时间区间内,完成规定的功能的预测;二是对一定可靠度下可靠寿命的预测。要实现对材料或设备摩擦磨损的有效降低与控制,需要采用科学的方法。而在产品的设计阶段引入可靠性理论及对其寿命进行科学的可靠性预测是实现上述目的的方法之一。对于特定工作环境及工作条件下的零件或设备,在研究其磨损机理及磨损规律的基础上,对其可靠寿命进行准确科学预测,对于提高设备的利用率,及时采取有效手段延长其工作寿命都具有重要的意义[7-9]。

提高材料表面磨损可靠性、节约成本的有效方法之一是应用表面工程技术对磨损表面进行处理。经过处理的表面,其可靠性取决于处理后的表面涂层的质量。而表面涂层的质量与涂层的厚度、涂层与基体的结合状态等因素有关[10-11]。

1.2 国内外相关研究历史及发展现状

1.2.1 磨损预测研究

德国科学家 Holm 是第一个(1940 年)用原子理论推导出干滑动摩擦状态下的磨损量预测方程的人,方程如下[12]:

$$W = \frac{KpL}{H} \qquad (1-1)$$

式中:W 为体积磨损量;p 为法向载荷;L 为滑动距离;H 为表面硬度;K 为磨损系数,一般取为常数。

随着摩擦磨损理论和测试技术的发展,人们对材料磨损的机理有了更深入的认识,不同的磨损机理,磨损的特征也不同[13]。苏联学者克拉盖尔斯基等和英国 Leicester 大学的 Archard 教授分别以黏着磨损理论和疲劳磨损理论为基础,基于试验数据,给出了磨损的定量计算表达式,并得到了很大的应用[6,14]。

许多磨损预测模型都是基于某一单一磨损特征和磨损机理提出的。对于黏着磨损机理,美国学者 Burwell 和英国学者 Archard 分别提出了一定适用范围的预测模型。

合肥工业大学桂长林教授[15]对 Archard 模型进行了扩展研究,并通过实例证明了该模型同样适用于氧化磨损、疲劳磨损以及磨粒磨损的预测计算,并针对不同材料的配副以及不同润滑状况提出了磨损系数的范围,扩大了 Archard 模型的适用范围。

摩尔提出的计算模型为

$$W = 2\sigma^{\frac{5}{4}} D^{\frac{1}{2}} K_c^{\frac{3}{4}} H^{\frac{1}{2}} \qquad (1-2)$$

式中：W 为体积磨损量；σ 为接触应力；D 为磨粒直径；K_c 为断裂韧性；H 为表面硬度。

还有很多学者提出了适用于不同磨损机理的预测模型，其共同点是在某些特定条件下针对单一磨损机理开展研究，并通过研究结果建立单一磨损机理预测模型，故其应用具有很大的局限性[16-23]。实际上，任意摩擦系统的摩擦磨损过程都是相当复杂的，往往都不是某一单一磨损机理在起作用，而是存在着多种磨损机理复合作用，各种磨损机理时而在某一条件下共存于一个摩擦系统中，时而又互相转化、互相作用。这样就使得这些模型的适用范围很小，而且在磨损过程中，准确鉴别出某一阶段的磨损机理需要大量的相关信息，这也给预测模型的使用带来了困难。同时，从磨损机理角度建立相应的磨损预测模型，需要更多的假设与简化，如著名的 Archard 黏着磨损计算模型，其假设之一是认为两表面接触轮廓峰为等直径的半球形，这与实际接触面的轮廓相差甚远。因此，从磨损机理的角度建立磨损预测模型具有很大的局限性。目前来看，由磨损机理得出的磨损预测方程真正应用于实际工程还需要进行很长时间的探索和研究[16]。

针对单一磨损机理建立模型的适用范围的局限性的问题，20 世纪 80 年代初有学者提出了磨损机制图概念。1987 年 Lim 等[24]借鉴金属材料的塑性变形图的制作过程，采用理论与实践相结合的方法，建立了钢材料的磨损机制图。磨损机制图可以使许多面向现象的磨损机理研究结论形成一个整体系统，在更大的范围内包含了一种摩擦副的摩擦学特征信息，在某种程度上克服了磨损机理的限制，为已经建立起来的基于单一磨损机理的磨损预测方程应用于材料的可靠性分析提供了方便。但是，磨损机制图存在的不足之处是磨损机制图只是一种能够表明在一定工况条件下材料的磨损机理及各磨损机理之间相互转化的条件的综合信息图，而且只是定性的，不能用作定量使用。因此，还不能做到定量的计算与预测[25-30]。再者，从目前的研究成果来看，建立的磨损机制图是相当有限的，且每种磨损机制图仅适用于特定种类的材料，而目前不仅材料的种类繁多，用于表面处理的方法及材料也非常多，使得磨损表面材料日益复杂，性质也多样。另外，建立材料的磨损机制图需要大量的信息，所以不可能全部通过建立其磨损机制图对其磨损做出预测。

Meng 和 Ludema[31-32]指出，通过多年的研究发现，各种资料中的关于摩擦磨损预测模型的方程共有 300 多种，但即使是最好的预测模型在应用上也有其局限性，这种局限性并不是由于缺少对本学科充分的思考以及深入的研究，事实上,关于材料的摩擦磨损机理及理论研究的文献相当多,但是高质量的摩擦磨损预测模型却很少,其主要原因在于本门学科的复杂性和特殊性[33-36]。关于摩擦磨损预测模型存在较大的局限性,主要体现在两个方面:一是关于设备由于磨损而导致的维修成本一直处于较高的水平;二是一些模型学术价值很高,但是很难在实际中得到广泛的应用,如有限元模型。具体包括:①根据摩擦磨损试验得出的结论,往往存在工作参数的取值范围相对于实际的工况偏小的情况,所以一般很难根据试验结果得出更为广泛的结论;②在摩擦副工作过程中,通常几种磨损机理复合作用或相互转化,所以很难就某一种磨损机理进行分析,得出正确结论;③通常摩擦磨损模型的建立包括两种情况,一是针对摩擦磨损材料的性质而建立的模型,二是考虑工作参数与摩擦磨损性能的关系而建立的模型,第二种情况由于没有考虑磨损机理问题,所以当工作环境发生变化时,建立的模型就不再适用;④通常情况下,建立模型时,仅将几个参数作为变量进行研究,而其他参数取为常数,实际上材料的摩擦磨损会随着磨损状态的改变发生很大的变化。

上述建立摩擦磨损模型时存在的一些问题及现有的摩擦磨损预测模型存在的缺陷,都是由于摩擦学学科本身的特点及材料属性的不同,影响摩擦磨损系统性能的变量很多。工程实际中影响材料摩擦磨损性能的因素多达100多个,经过合理的简化处理,主要的影响因素也有10~20个,这些变量涉及润滑剂及润滑状态、表面形貌、工况条件、工作环境、材料性质等,因此,建立一个准确的、适用性好的摩擦磨损预测模型存在极大的困难。若要建立适用性好的摩擦磨损计算模型,需要全面考虑影响因素、影响因素范围及其相互作用,对于已建立的计算模型,需要给出测试环境及适用材料,以便应用所建立的计算模型的研究者可以根据具体的工作条件进行判断,合理使用。材料摩擦磨损性能受多个因素的影响,而这些影响因素都具有随机性,因此,它们决定了摩擦磨损过程具有随机性的特点,而且摩擦学元素都具有时间依赖性[33]。构成摩擦副的任何一个元素的材料在非常小的范围内传递与零部件整体所传递的载荷相同,所以会承受比零部件构成材料更为严酷的载荷。传递是在异构表面间实现的,不同于在同一材料内部的传递,同时存在相对运动,加剧了载荷的作用。而相对运动产生的高温则从物理和化学两方面推动了变化的过程,这种由表面相对运动和相互作用引起的变化,其速度大大超过零部件中其他行为导致的变化,因此,应该将摩擦学系统作为一个时变系统来处理[37]。一个系统的输出或状态随时间变化的性质称为系统的时变性(或动力性),另外,表明摩擦学系统特性的摩擦系数及摩擦温度也都表现出时变特性。摩擦学系统是一个具有统计特性的随机系统,发生在摩擦学环境下的摩擦磨损行为属于摩擦学随机系统行为[33]。大量摩擦学研究表明:摩擦系数、摩擦温度、磨损量和表面形貌参数等输出量都表现出稳定或非稳定的随机性。随机性产生的原因在于系统具有随机的初始条件(如材料、表面形貌等)、随机的系统参数和随机的外界环境作用。

材料的摩擦磨损除具有机理特征外,另一个重要特征是它所表现出来的概率统计性。因此,应用数理统计学研究摩擦磨损的规律并进行预测是磨损预测研究的方向之一。闫玉涛等[38-39]针对直升机弧齿锥齿轮的生存能力展开了润滑状态转化过程的研究,基于试验数据和理论分析,确定了不同润滑状态下的润滑失效判据,建立了齿轮传动生存能力的预测模型。廉巨龙[40]采用均匀设计法完成了航空发动机轴承衬套材料的多因素、多水平的试验设计,并基于试验数据,利用灰色理论建立了摩擦副摩擦系数和磨损量的预测模型。胡添琪[41]基于试验数据,利用灰色理论建立了考虑接触应力、滑动速度、温度等高温条件下的石墨密封材料的减摩、耐磨性能的预测模型。谢新良[42]研究了耐磨涂层的摩擦磨损性能,基于试验数据,采用回归分析方法建立了相应的影响因素的摩擦磨损预测模型。胡广伟[43]针对机床导轨摩擦磨损性能退化对机床性能的影响开展了研究工作,基于磨损退化数据建立了磨损随机过程的基本模型,并进行了相应的可靠性研究。张云凤[44]在考虑了环境因素、工况条件和材料性质等问题的情况下分析了影响材料摩擦磨损性能的主要因素,结合试验结果,应用偏最小二乘回归方法建立了磨损预测多项式模型和磨损随机过程基本模型,提出了一定磨损寿命下的可靠度计算方法以及一定可靠度下的可靠寿命预测方法。颜钟得等[45-46]应用数理统计方法对静态及动态磨损数据进行了分析,结果表明,用数理统计方法分析处理试验数据可避免对试验结果做出错误判断。徐流杰等[47]利用回归方法建立了磨损量与循环次数和基体中碳含量关系的二元方程模型,结果表明,该模型可以较准确地预测高速钢的磨损性能。Sahin[48]应用回归正交试验设计方法进行试验设计,并应用数理统计方法分析了合金磨损性能与合金中主要成分含量以及载荷、滑动距离、表面形貌指标之间的关系。Steele[49]也应用数理统计方法分析了摩擦系数的分布以及磨损量的分布。随着数理统计学科的不断发展,以及对于磨损过程的不断探索,研究者开始应用随机过程理论研究磨损以及磨损预测问题。葛世荣等[50]把磨损看作一个动力过程,提出了通过建立动力学模型的方法来研究摩擦学问题,认为用状态方程和输出方程描述摩擦学系统的特性是目前较好的方法。1987年,英国利兹大学的Wallbridge和Dowson[51]把磨损看成一个随机过程,引用概率与数理统计学原理,分析了部分金属材料磨损参数的统计分布规律。Dowson等[52]把磨损过程看作一个动态过程,研究其主要参数的变化规律,可以实现磨损的有效预测。

随着计算机技术的发展,许多学者尝试应用人工智能技术对磨损进行预测。人工神经网络技术在刀具的磨损预测中应用尤为广泛[53-56]。Palanisamy等[57]同时应用回归方法和人工神经网络预测的方法对刀具的磨损进行预测,试验证明,两种方法预测效果都很好。徐建生等[58-60]应用人工神经网络技术进行了摩擦学系统条件的转化研究,实现了同一系统下的磨损预测,同时通过建立摩擦学系统影响规律模型,较为准确地计算和预测不同摩擦系统条件下的摩擦系数和各影响参数之间的关系。孟凡明等[61]应用径向基函数(Radial Basis Function,RBF)神经网络对气缸摩擦学系统进行仿真,实现了对磨损的有效预测。应用人工神经网络技术研究摩擦磨损预测问题可以提高预测精度,但因为没有更为直接的模型形式,不便于对磨损的关系进行研究。

1.2.2 可靠性技术

可靠性的研究对象是产品,如元器件、组件、零部件、设备及系统等。可靠性技术是在第二次世界大战后发展起来的一门科学技术,可靠性研究始于美国。20世纪40年代,美国发现军用雷达处于故障状态的时间高达84%;第二次世界大战期间,美国发现飞机上的电子设备60%不能使用,在储备期间又有50%的电子设备失效。这些促使美国深入开展电子组件和电子设备的可靠性研究,并制定了有关的可靠性管理、可靠性设计及可靠性鉴定等方面的标准[62]。

从20世纪70年代开始,美国将可靠性技术引入到拖拉机、汽车、发电机等机械产品中。20世纪80年代罗姆航空研究所通过对非电子设备可靠性应用情况的调查分析指出,非电子设备的可靠性设计非常困难。苏联历来重视机械可靠性的研究,通过发布一系列可靠性国家标准来推进可靠性技术的应用。这些标准主要以机械产品为对象,适合机械制造和仪器仪表制造行业的产品。对于发动机、汽车、液压设备、润滑系统、起重机、挖掘机等产品,还规定有可靠性指标或相应的试验方案。卢玉明对于一些典型机械零件的可靠性设计推出了经验公式,出版了《机械零件的可靠性设计》专著,以便进行设计。日本的机械可靠性应用研究也有很高的水平。由于受到第二次世界大战后宪法的约束,日本的机械可靠性技术主要应用于民用产品。日本科技联盟是推进全国可靠性技术研究与应用的主要机构,其中就包括由企业的可靠性推进人员和高等院校教授组成的机械工业可靠性分会,研究可靠性在机械工业的引入推进和开发。而且现在在日本机械工业企业中,对机械产品的设计和制造工艺已经普遍采用失效模式和影响分析(Failure Mode and Effect Analysis,FMEA)方法。

尽管作为产品基本属性的可靠性随着产品的存在而存在,但可靠性作为一门独立的学科却只有 60 多年的历史。在社会需求的强大推动下,可靠性技术从概率统计、系统工程、质量控制、生产管理等科学中脱颖而出,成为一门新兴的学科。随着科学技术的高速发展,以及新型复杂系统的建立和工程项目的实施,各种机械设备和系统日趋复杂,容量参数不断提高,环境条件更加苛刻,可靠性问题显得更加突出,广大用户对此也越来越关注。世界工业发达国家都投入了大量人力、物力和财力进行可靠性的系统研究和推广应用工作,从而极大地推动了国民经济各个领域的发展。经过半个多世纪的发展,可靠性已经成为产品性能好坏的决定性因素之一,作为一个与国民经济和国防科技密切相关的学科,它在过去的 60 多年中已经受到了充分的重视,在未来的科技发展中也必将得到更加广泛的研究。

结构可靠性是研究零件或机构在各种因素下的安全问题,在理论分析以及工程实践中进行可靠性计算时,应用最广泛的就是应力-强度模型。这里的应力和强度都是广义上的概念,同时因为影响结构可靠性的各个参量会受到各种不同因素的影响,不可避免地存在不确定性。在常规的可靠性分析理论中,为了进行有效的结构可靠性计算,做出了一些基本假设,如应力和强度均为非负的随机变量或随机过程,当强度大于或等于应力时即认为结构是可靠的,否则认为结构是失效的[63-67]。以上假设决定了影响因素随机性是决定可靠度的唯一因素,并且结构只有两种状态——安全或失效,这应用于磨损失效显然是不合理的,因为磨损是一个渐变的过程,当机构或零件累积磨损量接近于许用磨损量时,很难判断其是安全的还是失效的。因此,在摩擦学可靠性分析中引入模糊理论是一种必然趋势。

1965 年,美国控制论专家 Zadeh 教授第一次提出了模糊集合的概念,从而开创了一门新的数学分支——模糊数学,目前模糊数学几乎在所有的工程领域都得到了广泛的应用。应用模糊数学处理可靠性问题始于 1975 年的 Kaufmann 工作,当时引入可能性概念来表示元件的可靠度。在文献[68]中 Viertl 提出了基于模糊寿命数据的可靠性评估办法。目前,模糊可靠性理论研究主要有两条途径:一是以模糊集合描述模糊随机现象,利用 Zadeh 给出的模糊时间的概率来定义结构的模糊可靠度;二是以模糊随机变量为基本变量描述模糊随机现象,把模糊可靠性问题转化为常规可靠性问题来处理[69-70]。

1.2.3　磨损可靠性研究

磨损可靠性的研究主要是根据材料或系统的摩擦磨损规律对其寿命做出合理的预测或者对一定寿命下的可靠度进行计算。基于应力-强度模型的零部件或系统磨损可靠性研究的关键问题是确定相关参数,尤其是确定磨损量,在磨损研究中磨损量服从正态分布是个一般的假设[71-76]。通过对实际磨损量这一综合随机变量分布的研究,对何时采用正态分布或柯西分布做了论证及界定,提出了极限磨损量的选取方法。Ashraf 等[77]在研究滑动磨损的可靠寿命预测时,使用较为常用的 Archard 模型和 Yang 模型确定磨损量的计算。冯元生等[78-80]较为系统地研究了磨损量的密度分布函数,分析了许用磨损量的确定方法,以及磨损量与时间的关系特征等。同时由于研究的对象不同,磨损量的表达方式以及确定方法也有区别,例如齿轮作为传动系统的主要零件,其磨损量的计算以及失效的判断与其轮廓形状的变化及间隙相关[81-84]。

目前,磨损可靠性分析方法主要包括解析法、仿真法及模糊可靠度解法等。在这些方法中,应用模糊可靠度的方法进行的研究较多,不仅研究了磨损量的分布,考虑了影响因素的随机性,还研究了随机模糊可靠度的计算方法,并探讨了隶属函数中常数值的变化对于可靠度的影响[78]。应用模糊理论及随机过程理论研究磨损可靠性是磨损模糊可靠性研究的主要方向。王银燕等[85]用随机过程理论建立了磨损随机过程模型,在此基础上对柴油机曲柄连杆机构的耐磨损可靠性进行了分析,虽然模型在应用上只考虑了许用磨损量为定值的情况,相对于忽略摩擦学系统时变性,该计算更加精确。罗荣桂[86]应用生命过程理论建立了系统因磨损而引起故障的随机模型,对具有常损耗率的系统以及具有随机损耗率的系统分别进行了讨论。该研究对于设备系统在具备一定统计数据的情形下预测其可靠性寿命具有一定的价值。赵德高[87]应用了 Markov 过程理论对不同系统的状态进行描述,对系统多状态模糊可靠性进行了分析。

仿真方法也是磨损可靠性预测的一种常用方法[88-90]。蒙特卡罗方法是常用的仿真方法之一,但仿真方法的应用同样基于材料的摩擦磨损性能与影响因素的关系,以及磨损量或磨损量的分布特征。因此,对机械零部件或系统进行科学的可靠性预测,首先应该根据摩擦磨损的实际过程建立准确的摩擦磨损预测模型,这样才能为产品的维护保养以及设计提供可靠的依据[91-93]。

1.2.4 表面改性技术研究

表面工程是经表面预处理后,在固体材料表面,采用物理方法、化学方法、电化学方法或生物分子方法等,对表面进行涂装、处理、改性,形成具有特殊功能的表面层或某种功能的覆盖层。通过表面涂覆、表面改性或多种表面技术复合处理,改变固体金属表面或非金属表面的形态、化学成分和组织结构,以获得所需要表面性能的系统工程。表面改性技术是通过某种工艺手段,赋予材料表面不同于材料基体的组织结构、化学组成,使其具有不同于基体材料的性能,因此可以用来改进材料表面的摩擦磨损可靠性[10]。

　　表面改性技术按其技术特点分为多种,其中激光熔覆技术是近年来发展较快、应用较多的一种[94-95]。激光熔覆技术是指在被涂覆基体表面上,以不同的填料方式放置选择的涂层材料,经激光辐照使其和基体表面一薄层同时熔化,并快速凝固后形成稀释度极低、与基体材料成冶金结合的表面涂层。激光熔覆技术是 20 世纪 70 年代中期发展起来的材料表面工程领域的前沿课题之一,作为一种新型的热处理技术,涉及物理、冶金、材料科学等领域,能够在廉价的基体材料上熔覆性能各异的合金粉末,以提高工件表面的耐蚀、耐磨、耐热及电气特性等,从而节省大量的贵重合金战略元素,具有广阔的发展前景[96-98]。同其他表面强化技术相比,激光熔覆技术具有冷却速度快、涂层稀释率低、工艺过程简单易于实现等特点。

　　激光熔覆技术在航天、汽车、石油、化工、冶金、电力、机械、模具和轻工业等领域都有广泛的应用[99-103],主要体现在两个方面:提高关键部件表面的耐磨性和耐腐蚀性;对因局部磨损而报废的关键零部件进行修复。激光熔覆技术的工业应用主要有以下几方面:

　　(1) 在航天工业中的应用。航空发动机钛合金和镍基合金摩擦层的接触磨损是发动机使用和维修中的一大难题,通过激光熔覆技术则可获得优质的涂层,为燃气涡轮发动机零件的修复开创了一个新局面。针对航空发动机涡轮部件,航空发动机涡轮叶片叶尖锁口部位的实际使用情况,研究了激光熔覆高温耐磨涂层的激光喷涂技术,在 DG4 合金基体上,喷涂了 CoCrW 合金粉末和 WC 粉末的机械混合物,厚度为 0.3mm,提高了其高温耐磨及抗腐蚀性能。对于镍基合金制造的航空发动机涡轮叶片,利用激光熔覆技术熔覆钴基合金,提高了其耐热和耐磨性能。与过去的方法(如热喷镀)相比,该方法缩短了涂层制备的时间,质量稳定,且消除了由热影响所致可能出现的裂纹等。

　　(2) 在汽车工业中的应用。汽车发动机气门、气门座全密封锥面、气门阀杆小端面、排气阀以及阀门座表面等要求具有耐高温、耐磨损及耐腐蚀性能,一般通过激光熔覆技术可以在这些零件表面制备具有优良的耐磨性和耐热性的合金涂层。

　　(3) 在化工设备中的应用。化工设备使用的管道需要有高的耐蚀性能,用激光进行辐照,在管子外部形成具有 50Cr、50Ni 成分的涂层,耐腐蚀性能明显提高;大型排尘风叶片 30CrMnSi 的 Ni 基合金与 WC 合金粉末的熔覆,使其抗磨粒磨损和耐腐蚀性能大大提高。

　　(4) 在模具上的应用。激光熔覆处理可以改善模具钢的表面硬度、耐磨性、红硬性、高温硬度、抗热疲劳等性能,从而在不同程度上提高了工模具的使用寿命。例如,在轧钢机导向板上激光熔覆高温、耐磨涂层,其寿命与普碳钢导向板相比提高 4 倍以上,其轧钢能与整体 45CrMoViSi 导向板相比提高 1 倍以上,减少了停机时间,提高了产品的产量和质量,降低了生产成本等。

(5)在轧辊行业中的应用。轧钢工业中的轧辊存在严重耗损,作为轧钢机的直接工作部件,其质量的好坏直接关系导轧板、带材的质量和产量。利用激光熔覆技术对轧辊表面进行改性和修复已成为国内外普遍关注的实际工程问题。

(6)激光熔覆的快速成形。激光技术的发展使人们可以精确调节和控制高能光束,从而可以实现对材料的精细转换、堆积和加工处理。正是由于激光技术和材料科学的发展,结合计算机辅助设计(Computer Aided Design,CAD)技术,在传统制造工艺的基础上,开发了新的工艺——快速成形,该技术的实质是精密激光熔覆,是激光熔覆本身固有特性的反映,它可以降低生产费用,缩短生产周期。

目前,激光熔覆技术的研究主要集中在以下几个方面:

(1)激光熔覆工艺参数对熔覆层性能的影响。这些工艺参数包括激光功率、光斑直径、扫描速度、搭接系数等。为参数实现优化,保证工艺质量的稳定性、重复性和可靠性,可以应用自动化精确实时的过程控制设备实现送粉率的在线控制,以及激光参量和光速质量在线监测,同时为实现熔池温度的检测与控制,可以采用高温温度计测量激光熔覆熔池表面温度并闭环控制。英国的 Li 和 Steen 等用电荷耦合器件(Charge Coupled Device,CCD)视频摄像机通过绿色滤光片直接摄取激光处理过程熔池的动态状况,通过反馈调节激光系统动作,实时显示,自动报警,实现在线控制。

(2)激光熔覆材料的研究。激光熔覆技术在应用中容易产生的一个问题就是如何防止熔覆涂层的裂纹的产生,其原因是熔覆材料与基体材料在热膨胀系数上的差异,所以应该按照与基体材料相匹配的原则进行熔覆材料的选择与设计。另外两种材料的润湿性相匹配也是保证涂层质量的一个重要方面。因此,关于激光熔覆材料的研究,国内外的学者开展的比较多,比如为了提高涂层的耐磨损性能,可以在金属合金粉末中加入陶瓷粉末(如 Ti、WC、AL_2O_3 等)[104-108]。

(3)熔覆层组织、性能的研究以及熔覆过程中热传导机理的研究。这些研究,为激光熔覆技术的发展以及应用奠定了基础[109-116]。

1.3　摩擦学基本知识

1.3.1　摩擦学定义及研究内容

摩擦学是研究相对运动物体的相互作用表面、类型及其机理,中间介质及环境所构成的系统的行为与摩擦及损伤控制的科学与技术。就其知识结构而言,摩擦学是一门涉及多学科的边缘学科,涉及的主要学科有物理学、化学、应用数学、固体力学、流体力学、热力学、传热学、材料科学、流变学、机械工程、断裂力学、润滑、测试与分析技术、表面技术、可靠性分析等。从功能上可归纳为3个主要方面:摩擦、磨损和润滑[5,34,117-119]。

根据摩擦学学科的性质,其特点为:①是一门在某些传统学科基础上综合发展起来的边缘学科;②是一门具有极强应用背景的横断学科;③是一门学科边界还没有完全界定的新兴学科。

摩擦学的主要研究内容可归纳为以下几个方面:

(1)摩擦磨损。摩擦磨损是针对相对运动中相互作用表面间的物理、化学、冶金及机械作用,探讨材料表面间摩擦磨损机理,表面物理化学性能的变化。摩擦理论主要有机械啮合理论、分子吸引理论、机械-分子理论。磨损机理包括黏着磨损、磨粒磨损、疲劳磨损、腐蚀磨损、微动磨损、侵蚀磨损及气蚀磨损等。

(2)润滑理论及润滑材料。润滑理论研究流体润滑、弹性流体润滑、边界润滑及混合润滑理论。润滑材料主要包括液体、固体、半固体和气体[120-122]。

(3)摩擦材料及表面工程。摩擦材料及表面工程研究是为了改善摩擦副表面的摩擦磨损性能,研究高性能的减摩、耐磨及减阻材料,从而满足不同使用的要求。如金属材料——黑色金属、轴承合金、导电滑动材料、粉末冶金材料,聚合物及其复合材料——塑料、橡胶、纤维等,无机非金属材料——工程陶瓷材料、碳族材料、微晶玻璃等[123-125]。

表面工程以材料的表面为研究对象,可通过各种方法得到优于基体材料性能的表面功能薄层,给予零件特殊的性能。目前,已从单一表面工程发展到复合表面工程,复合表面工程能够得到1+1>2的协同作用效果。常用的表面工程技术包括:堆焊技术、熔结技术(低真空熔结、激光熔覆等)、电镀技术、电刷镀及化学镀技术、非金属镀技术、热喷涂技术(火焰喷涂、电弧喷涂、等离子喷涂、爆炸喷涂、超声速喷涂、低压等离子喷涂等)、塑料喷涂技术、粘涂技术、涂装技术、物理与化学气相沉积(真空蒸镀、离子溅射、离子镀等)、化学热处理、激光相变硬化、激光非晶化、激光合金化、电子束相变硬化、离子注入等[124,126]。

(4)摩擦学测试技术。摩擦学研究正从宏观到微观、从静态到动态、从单因素到多因素、从定性到定量发展。摩擦学试验是指在实验室环境下的模拟试验,可通过改变各种参数来分别测定其对摩擦磨损的影响,测试数据重现性和规律性较好,便于对比分析,缩短试验周期,减少试验费用。

(5)新兴摩擦学领域[5,120,127-128]。新兴的摩擦学研究领域主要有微纳摩擦学、生物摩擦学、空间摩擦学、仿生摩擦学及极端环境摩擦学等。

1.3.2 摩擦学基本理论

1.3.2.1 摩擦理论

当两个互相接触的固体在外力作用下做相对运动或具有相对运动趋势时，在两固体接触表面间将产生一种运动阻力，这种阻力称为摩擦力，这种现象称为摩擦现象。

按运动副运动状态分为静摩擦和动摩擦。静摩擦是指两接触物体有相对运动趋势，但尚未产生相对运动时的摩擦；动摩擦是指两接触物体相对运动表面之间的摩擦。按摩擦副运动形式分为滑动摩擦和滚动摩擦。滑动摩擦是指两个相互接触的物体做相对滑动时的摩擦；滚动摩擦是指物体在外力矩的作用下，沿接触表面滚动时的摩擦[2,117]。

1. 滑动摩擦

摩擦现象的研究始于15世纪意大利的文艺复兴时代，经典摩擦定律包括：第一定律，滑动摩擦力的大小与接触面之间的法向载荷成正比；第二定律，滑动摩擦力的大小与名义接触面积无关；第三定律，滑动摩擦力的大小与滑动速度无关。

常用的滑动摩擦理论可归结为机械啮合理论、分子吸引理论、机械-分子理论和黏着理论。机械啮合理论认为摩擦起源于两个相互接触表面粗糙的凹凸体间的机械啮合作用，从而阻碍两物体做相对运动。分子吸引理论认为当两表面材料分子接近时，分子之间的吸引力作用产生摩擦阻力，分子间电荷力在滑动过程中所产生的能量消耗是摩擦的起因，利用分子力与分子之间的距离关系导出了摩擦系数表达式。机械-分子理论认为摩擦是一个混合过程，既要克服分子间相互作用力，又要克服机械变形阻力，是机械啮合和分子吸引综合作用的结果。黏着理论认为两接触表面在载荷作用下，某些接触点的单位压力大，产生黏结或冷焊，当两表面相对滑动时，黏着点被剪断，剪断这些黏着点的力就是摩擦力。

2. 滚动摩擦

滚动摩擦阻力远小于滑动摩擦阻力，其机理却复杂得多。滚动摩擦可分为自由滚动摩擦、受制滚动摩擦和槽内滚动摩擦。自由滚动摩擦是指滚动元件沿着平面无约束做直线运动，也称为纯滚动摩擦。受制滚动摩擦是指滚动元件受制或驱动力矩的作用，在接触区内同时存在法向压力和切向牵引力的作用。槽内滚动摩擦是指两个相互滚动的表面，由于几何形状造成接触区各点的切向速度不等而伴随滑动的滚动。

滚动摩擦阻力的产生主要由微观滑移、弹性滞后、塑性变形及黏着效应引起。

微观滑移根据起因的不同又分为 Reynolds 微观滑移、Poritsky 微观滑移和Heathcote 微观滑移。Reynolds 微观滑移是由于摩擦副材料弹性模量不同而引起的微观滑移。Poritsky 微观滑移是由于滚动接触表面有切向牵引力作用而引起的微观滑移。Heathcote 微观滑移是由于几何形状使相接触各点上两表面的切向加速度不等而引起的微观滑移。

弹性滞后是指滚动摩擦副滚动过程中产生弹性变形需要一定的能量,而弹性变形能的主要部分在接触消除后得到恢复,其中小部分消耗于材料的弹性滞后。黏弹性材料的弹性滞后能量消耗远大于金属材料,是滚动摩擦阻力的主要组成。

塑性变形是指滚动过程中,当表面接触应力达到一定值时,将在距离表层下一定深度处产生塑性变形。随着载荷的增大,塑性变形逐渐扩展到表面,塑性变形消耗的能量表现为滚动摩擦阻力,可根据弹性力学计算,即

$$F_f = K_0 \frac{p^{\frac{2}{3}}}{R} \tag{1-3}$$

式中:p 为法向载荷;R 为球体半径;K_0 为常数。

黏着效应是指滚动表面相互紧压形成的黏着点,在滚动中将沿着垂直接触面的方向分离。黏着点分离是受拉力作用,没有黏着点面积扩大现象,黏着力很小,属于范德瓦耳斯力类型,只占滚动摩擦阻力的很小部分。

可见,滚动摩擦过程十分复杂,一般情况下,各种因素同时影响滚动摩擦阻力,根据滚动形式和工况条件的不同,各因素起的作用也不同。

1.3.2.2 磨损理论

磨损是伴随着摩擦而产生的必然结果,是相互接触的物体相对运动时,表层材料不断发生损耗的过程或产生塑性变形的过程。磨损既是材料消耗的主要原因,也是影响机械使用寿命的主要因素。

一般磨损过程分为跑合阶段、稳定磨损阶段和剧烈磨损阶段,如图 1-1 所示。跑合阶段:在一定载荷作用下,摩擦副接触表面逐渐磨平,实际接触面积逐渐增大,磨损速率开始时较大,而后减缓,如图 1-1 中的 OA 线所示。稳定磨损阶段:摩擦表面经过跑合后相互适应,达到稳定状态,摩擦降低,磨损量保持不变,是摩擦副的正常工作阶段,如图 1-1 中的 AB 线所示。剧烈磨损阶段:摩擦副长期工作后,表面性质发生变化,磨损量迅速增大,引起摩擦表面剧烈磨损,从而导致失效。

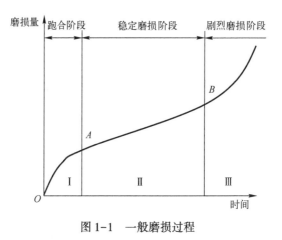

图 1-1　一般磨损过程

磨损是多因素互相影响与作用的一个复杂过程,一般磨损作用的影响通过表面的作用、表层的变化和破坏形式来分析和研究。常用的磨损机理分析主要为黏着磨损、磨粒磨损、表面疲劳磨损、腐蚀磨损和微动磨损[2]。

1. 黏着磨损

当摩擦副相对滑动时,由于黏着效应所形成的结点发生剪切断裂,被剪切的材料或脱落成磨屑,或由一个表面迁移到另一个表面的现象,称为黏着磨损。按磨损程度可分为:①轻微黏着磨损,黏着点强度低于摩擦副金属强度时,剪切发生在结合面上;②一般黏着磨损(涂抹),黏着点的强度高于摩擦副中较软金属的剪切强度时,破坏发生在离结合面不远的软金属表层内,软金属黏附在硬金属表面上;③胶合磨损,黏着点强度比两金属的剪切强度高得多,且黏着点面积较大时,剪切破坏发生在一个或两个金属表层较深的地方;④擦伤磨损,黏着点的强度高于摩擦副金属材料强度时,剪切破坏主要发生在软金属的表层内,有时也发生在硬金属表层内,迁移到硬金属上的黏着物又使软表面出现划痕;⑤划伤磨损,黏着结合强度高于集体金属的抗剪切强度,切应力高于黏着结合强度。

2. 磨粒磨损

在摩擦过程中,硬的颗粒或硬的凸出物冲刷摩擦表面引起材料脱落的现象称为磨粒磨损。磨粒磨损又分为:①二体磨粒磨损,磨粒沿一个固体表面相对运动时产生的磨损;②三体磨粒磨损,外界磨粒移动于两摩擦表面之间的磨损。磨粒磨损的机理主要为:①微观切削,法向载荷将磨粒压入摩擦表面,滑动时的摩擦力通过磨料的犁沟作用使表面剪切、犁皱和切削,产生槽状磨痕;②挤压剥落,磨料在载荷作用下压入摩擦表面而产生压痕,将塑性材料的表面挤压出层状或鳞片状剥落碎屑;③疲劳破坏,摩擦表面在磨料产生的循环接触力作用下,

14

使表面材料因疲劳而剥落,破坏源离表面近,具有组织敏感性,疲劳破坏具有局部性;④微观断裂,摩擦表面在磨料产生的循环接触力作用下,使表面材料因疲劳而剥落,破坏源离表面近,具有组织敏感性。

3. 表面疲劳磨损

表面疲劳磨损是指两个相互滚动或者滚动兼滑动的摩擦表面,在循环变化的接触应力作用下,由于材料疲劳剥落而形成凹坑,引起表面脱落的现象。在循环接触应力作用下,疲劳裂纹发源在材料表层内部的应力集中源。裂纹萌生后,先顺滚动方向平行于表面扩展,然后分叉延伸到表面,使磨屑剥落后形成凹坑,断口较光滑,裂纹形成迅速,但扩展缓慢。由于表层萌生疲劳破坏坑边缘可以构成表面萌生裂纹的发源点,所以,通常这两种疲劳磨损是同时存在的。点蚀磨屑多为扇形颗粒,凹坑为许多小而深的麻点。点蚀疲劳裂纹起源于表面,再顺滚动方向向表层内扩展,并形成扇形的疲劳坑。剥落磨屑呈片状,凹坑浅而面积大。剥落疲劳裂纹开始于表层内,随后裂纹与表面平行向两端扩展,最后在两端断裂。

4. 腐蚀磨损

在液体、气体或润滑剂的工作环境中,相互作用的摩擦表面之间会发生化学或电化学反应,在表面形成腐蚀产物,这种腐蚀产物黏附不牢,在摩擦过程中剥落下来,而新的表面又继续和介质发生反应,腐蚀磨损就是指这种腐蚀与磨损不断相互重复作用的现象。

5. 微动磨损

微动磨损是指两表面之间由振幅很小的相对振动产生的磨损。若在微动磨损过程中,表面之间的化学反应起主要作用,则称为微动腐蚀磨损,与微动磨损相联系的疲劳损坏,则称为微动疲劳磨损。在微动磨损过程中,接触压力使摩擦副表面的微凸体产生塑性变形和黏着,在外界小振幅振动作用下,黏着点剪切,黏着物脱落,剪切表面被氧化。由于两摩擦表面紧密配合,磨屑不易排出,起磨料作用,加速微动磨损。微动磨损的主要特征是摩擦表面上存在带色的斑点,其内集结着已压合的氧化物。微动磨损改变零件形状,恶化表面层质量,降低尺寸精度,使紧配合件变松,引起应力集中,形成微观裂纹,导致零件疲劳断裂。如果微动磨损产物难于从接触区排走,腐蚀产物体积膨胀,使局部接触压力增大,可能导致零件胶合,甚至咬死。

1.3.2.3 润滑原理

润滑是减小摩擦,降低磨损的有效方法。由于润滑剂的作用,摩擦表面不直接接触,处于润滑剂的内摩擦,摩擦系数小,而有效降低了磨损,改善了摩擦副的工作性能,提高设备的效率和使用寿命。摩擦副表面的润滑状态可根据润滑膜的形成机理和特征分为流体润滑区、混合润滑区、边界润滑区。润滑状态可根据所形成的润滑膜厚度与综合表面粗糙度值,通过德国学者 Stribeck 于1902 年提出的 Stribeck 曲线进行判断,如图 1-2 所示[2]。

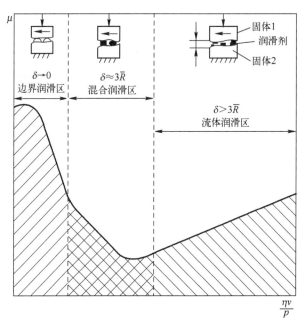

图 1-2 Stribeck 曲线与润滑状态

流体润滑包括流体动压润滑、流体静压润滑和弹性流体动压润滑,相当于曲线右侧一段。流体润滑状态下,润滑膜厚度 δ 与综合表面粗糙度 $\bar{R}$ 的比值大于 3,典型膜厚 δ 为 1~100μm。摩擦表面完全被连续的润滑膜分开。

混合润滑是指几种润滑状态同时存在,相当于曲线中间一段,比值约为 3,典型膜厚 δ 在 1μm 以下。摩擦表面的一部分被润滑膜分开,承载部分载荷,也存在部分表面微凸体接触及边界膜承受部分载荷。

边界润滑相当于曲线左侧一段,比值趋近于 0,典型膜厚 δ 为 0.001~0.05μm。摩擦表面微凸体接触多,流体润滑作用减少,甚至完全不起作用,载荷几乎全部由微凸体及润滑剂与表面之间相互作用所生成的边界润滑膜来承受。

无润滑或干摩擦是指当摩擦表面之间润滑剂的润滑作用已经完全不存在时,载荷全部由表面上存在的氧化膜、固体润滑膜或金属基体承受的状态。

由图 1-2 可知,随着工况参数的改变,可导致润滑状态的转化,润滑膜的结构特征发生变化,摩擦系数随之改变,处理问题的方法也有所不同。

1.3.3 摩擦学测试分析技术

1.3.3.1 摩擦磨损试验技术

在工程实际中,影响摩擦磨损的因素很多,而且各种因素综合作用对摩擦磨损性能的影响也不明确,相互作用的零件间发生的摩擦磨损现象也不是材料固定不变的性质,而是在一定条件下材料各种特性的综合表现,材料对影响因素的敏感性极强。因此,研究摩擦磨损机理,确定各因素对摩擦磨损的影响及评价各种材料的摩擦磨损性能,给出摩擦磨损规律,还必须依靠试验研究[1]。

1. 摩擦磨损试验类型

根据试验的目的和条件,试验一般分为 3 类:实验室试件试验、模拟台架试验和实际使用试验。

(1) 实验室试件试验。根据给定工况条件,在通用摩擦磨损试验机上对尺寸较小、结构简单的试件进行试验。试验环境条件和影响因素容易控制,试验数据重复性高,周期短,试验条件变化范围较宽,试验数据对比性强,易于发现其规律性,多作为研究性试验。主要用于各种类型的摩擦磨损机理和影响因素的研究,评定摩擦副材料、工艺和润滑剂性能等。

(2) 模拟台架试验。在实验室试验的基础上,根据所选定的参数设计实际的零件,模拟零件的实际工作条件,进行台架试验。台架试验条件接近实际工况,增强了试验结果的可靠性。通过试验条件的强化和严格控制,可以在短时间内获得系统的试验数据,并且能够预先给定可控的工况条件,并能够测得各种摩擦磨损的参数,进行摩擦磨损性能影响因素的研究。

(3) 实际使用试验。在实验室试验和模拟台架试验的基础上,对实际零件进行使用试验,使用试验是在实际运转现场条件下进行的,试验的真实性和数据的可靠性最好。但试验周期长,费用大,试验结果是各种影响因素的综合表现,因此,不易进行单因素的考察,难以对试验结果进行深入分析。

在摩擦磨损研究中,先进行实验室试验研究,其次进行模拟台架试验,最后再进行实际使用试验,构成一个所谓的"试验链"。

2. 摩擦磨损试验典型配副形式

在设计和选用摩擦磨损试验机时,要考虑试验机试样的接触形式和相对运动与实际摩擦副的接触形式和相对运动关系保持相似。常见的摩擦副的接触形式和相对运动关系如图 1-3 所示。接触形式可分为点接触、线接触和面接触。相对运动关系可分为滑动、滚动、滚动兼滑动、回转运动、往复运动、复合运动及冲击等。

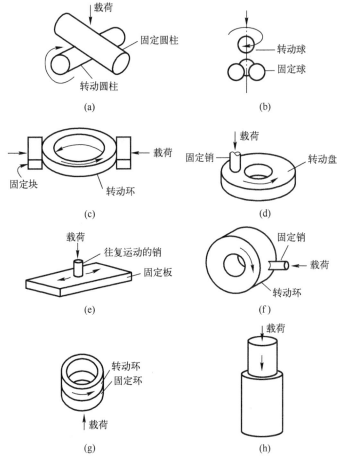

图 1-3 常用的典型摩擦副接触和运动形式

（a）、（b）滑动点接触；（c）滑动线接触；（d）~（h）滑动面接触。

3. 摩擦磨损试验参数测量

（1）摩擦系数。摩擦系数一般分为静摩擦系数和动摩擦系数。静摩擦系数常采用调倾斜面方法和牵引法测量；动摩擦系数通过测定摩擦副中一连续运动试样带动对偶件的摩擦力或摩擦力矩，而后经换算得出动摩擦系数。摩擦力或摩擦力矩一般采用电测法，即利用压力传感器或扭矩传感器测得摩擦力或摩擦力矩。摩擦力矩也可通过扭轴法、平衡力矩法、能量转换法测得。

（2）磨损量。磨损量是评定材料耐磨性的一个重要指标，可以采用磨掉材料的质量、体积或厚度来表示。磨损量的测定方法一般包括称重法、测长法、放射性同位素法、沉淀法或化学分析法、轮廓仪法、位移传感器法、光谱法及铁谱法。

（3）摩擦温度。摩擦温度测量常用的方法有热电偶法、薄膜传感器法、红外测温法、电阻法和光纤测温法。

1.3.3.2 摩擦磨损表面测试分析技术

摩擦磨损后的摩擦副表面的表面形貌、表面晶体结构及化学成分等都发生了变化，因此，在研究摩擦磨损的过程中，观察分析摩擦表面和亚表面的微观结构非常重要。磨损表面形貌分析测试仪器主要包括光学显微镜、扫描电子显微镜、透射电子显微镜及激光共焦扫描显微镜等。磨损表面结构分析有各种衍射技术，如 X 射线衍射分析仪、电子衍射、场离子显微镜。表面化学成分分析常用的仪器有俄歇电子能谱仪、X 射线光电子能谱仪、电子探针及能谱仪等。

1.4 可靠性基本知识

1.4.1 可靠性定义及其特征量

1.4.1.1 可靠性定义

可靠性是指产品在规定的条件下和规定的时间区间内，完成规定功能的能力。产品的失效或故障具有偶然性，一个确定的产品在某段时间内的工作情况并不能很好地反映该种产品可靠性的高低，应该观察大量该种产品的运转情况并进行合理的处理后，才能正确地反映该产品的可靠性。因此，需要用概率论和数理统计的方法来处理[7-9]。

1.4.1.2 可靠性特征量

表示产品总体可靠性水平高低的各种可靠性指标称为可靠性特征量。可靠性特征量的真值是理论上的数值，实际中是不知道的。根据样本观测值经一定的统计分析可得到特征量的真值估计值。估计值可以是点估计，也可以是区间估计。按一定的标准给出具体定义而计算出来的特征量估计值称为特征量的观测值。

常用的可靠性特征量有可靠度、累积失效概率（或不可靠度）、平均寿命、可靠寿命、失效率等[7-9]。

1. 可靠度

可靠度是指产品在规定的条件下和规定的时间区间内，完成规定功能的概率，一般记为 R。由于它是时间的函数，故也记为 $R(t)$，称为可靠度函数。

如果用随机变量 T 表示产品从开始工作到发生失效或故障的时间，概率密度函数为 $f(t)$，则该产品在某一指定时刻 t 的可靠度为

$$R(t) = P(T > t) = \int_t^\infty f(t) \mathrm{d}t \tag{1-4}$$

对于不可修复产品,可靠度的观测值是指直到规定的时间区间终了为止,能完成规定功能的产品数 $N_s(t)$ 与在该区间开始时投入工作的产品数 N 之比,即

$$\hat{R}(t) = \frac{N_s(t)}{N} = 1 - \frac{N_f(t)}{N} \qquad (1-5)$$

式中: $N_f(t)$ 为到 t 时刻未完成规定功能的产品数。

对于可修复产品,可靠度观测值是指一个或多个产品的无故障工作时间达到或超过规定时间的次数与观测时间内无故障工作的总次数之比,即

$$\hat{R}(t) = \frac{N_s(t)}{N} \qquad (1-6)$$

式中: N 为观测时间内无故障工作的总次数,每个产品的最后一次无故障工作时间若未超过规定时间则不予计入; $N_s(t)$ 为无故障工作时间达到或超过规定时间的次数。

上述可靠度公式中的时间是从零开始计算的,实际使用中常需要知道工作过程中某一段执行任务时间的可靠度,即需要知道已经工作时间 t_1 后再继续工作时间 t_2 的可靠度。

从时间 t_1 工作到 $t_1 + t_2$ 的条件可靠度称为任务可靠度,记为 $R(t_1 + t_2 \mid t_1)$。由条件概率可知:

$$R(t_1 + t_2 \mid t_1) = P(T > t_1 + t_2 \mid T > t_1) = \frac{R(t_1 + t_2)}{R(t_1)} \qquad (1-7)$$

根据样本的观测值,任务可靠度的观测值为

$$\hat{R}(t_1 + t_2 \mid t_1) = \frac{N_s(t_1 + t_2)}{N_s(t_1)} \qquad (1-8)$$

2. 累积失效概率

累积失效概率是指产品在规定的条件下和规定的时间区间内未完成规定功能(即发生失效)的概率,也称为不可靠度,一般记为 F 或 $F(t)$。

因为完成规定功能与未完成规定功能是对立事件,按概率互补定理,有

$$F(t) = 1 - R(t) = P(T \leq t) = \int_{-\infty}^{t} f(t) \, dt \qquad (1-9)$$

累积失效概率的观测值可按概率互补定理表示为

$$\hat{F}(t) = 1 - \hat{R}(t) \qquad (1-10)$$

3. 平均寿命

平均寿命是指寿命的平均值。对于不可修复产品是指失效前的平均时间,一般记为 MTTF;对于可修复产品则是指平均无故障工作时间,一般记为 MTBF。

它们都表示无故障工作时间 T 的数学期望 $E(T)$，或简记为 $\bar{t}$。

若已知 T 的概率密度函数 $f(t)$，则

$$\bar{t} = E(T) = \int_0^\infty t f(t) \, \mathrm{d}t \tag{1-11}$$

对于完全样本，即所有试验样品都观测到发生失效或故障时，平均寿命的观测值是指它们的算术平均值，即

$$\hat{\bar{t}} = \frac{1}{n} \sum_{i=1}^n t_i \tag{1-12}$$

4. 可靠寿命和中位寿命

可靠寿命是指可靠度所对应的时间，一般记为 $t(R)$。

一般可靠度随着工作时间 t 的增大而下降。给定不同的 R，则有不同的 $t(R)$，即

$$t(R) = R^{-1}(R) \tag{1-13}$$

式中：R^{-1} 为 R 的反函数，即由 $R(t) = R$ 反求 t。

可靠寿命的观测值是指能完成规定功能的产品的比例恰好等于给定可靠度 R 时所对应时间。

当指定 $R = 0.5$，即 $R(t) = F(t) = 0.5$ 时的寿命称为中位寿命，记为 $\tilde{t}$、$t_{0.5}$ 或 $t(0.5)$。

5. 失效率和失效率曲线

1）失效率

失效率是指工作到某时刻尚未失效的产品，在该时刻后单位时间内发生失效的概率，一般记为 λ。它也是时间 t 的函数，故也记为 $\lambda(t)$，称为失效率函数。则失效率为

$$\lambda(t) = \lim_{\Delta t \to 0} \frac{1}{\Delta t} P(t \leqslant T \leqslant t + \Delta t \mid T > t) \tag{1-14}$$

它反映了 t 时刻产品失效的速率，也称为瞬时失效率。

失效率的观测值是指在某时刻后单位时间内失效的产品数与工作到该时刻尚未失效的产品数之比，即

$$\hat{\lambda}(t) = \frac{\Delta N_f(t)}{N_s(t) \Delta t} \tag{1-15}$$

平均失效率是指在某一规定时间内失效率的平均值。例如，在 (t_1, t_2) 内失效率的平均值为

$$\bar{\lambda}(t) = \frac{1}{t_2 - t_1} \int_{t_1}^{t_2} \lambda(t) \, \mathrm{d}t \tag{1-16}$$

失效率的单位用单位时间的百分数表示，如 $\%/10^3 \mathrm{h}$，可记为 $10^{-5}/\mathrm{h}$。失效

率的单位也常写为 h^{-1}、km^{-1}、次$^{-1}$等。

2）失效率曲线

失效率曲线反映了产品整个寿命期内失效率的情况。图 1-4 为典型失效率曲线，有时也形象地称其为浴盆曲线。失效率随时间的变化可分为 3 个部分：

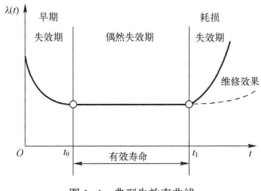

图 1-4　典型失效率曲线

（1）早期失效期，失效率曲线为递减型。产品投入使用早期，失效率较高而下降很快。主要是由于设计、制造、储存、运输等形成的缺陷，以及调试、跑合、启动不当等人为因素所造成的。在这些所谓的"先天不良"的失效之后，运转也逐渐正常，失效率趋于稳定，到 t_0 时失效率曲线已开始变平，t_0 以前称为早期失效期。针对导致早期失效期的失效原因，应该尽量设法避免，争取失效率低且 t_0 短。

（2）偶然失效期，失效率曲线为恒定型，即 t_0 到 t_1 间的失效率近似为常数。失效主要是由非预期的过载、误操作、意外的天灾以及一些尚不清楚的偶然因素所造成的。由于失效原因多属偶然，故称为偶然失效期。偶然失效期是指能有效工作的时间，这段时间称为有效寿命。

（3）耗损失效期，失效率是递增型。在 t_1 以后失效率上升很快，这是由于产品已经老化、疲劳、磨损、蠕化、腐蚀等耗损原因所引起的，故称为耗损失效期。针对造成耗损失效的原因，应该注意检查、监控、预测耗损开始的时间，提前维修，使失效率仍不上升，如图 1-4 中的虚线所示，以延长有效寿命。当然，修复若需很大的花费而寿命延长不多，则不如报废更为经济。

6. 可靠性特征量间的关系

在可靠性特征量中，$R(t)$、$F(t)$、$f(t)$ 和 $\lambda(t)$ 是 4 个基本函数，只要知道其中的 1 个，则所有其他的特征量均可求得，它们之间的关系如表 1-1 所列。

表 1-1　可靠性特征量中 4 个基本函数之间的关系

基本函数	$R(t)$	$F(t)$	$f(t)$	$\lambda(t)$
$R(t)$	—	$1-F(t)$	$\int_t^\infty f(t)\,\mathrm{d}t$	$\mathrm{e}^{-\int_0^t \lambda(t)\,\mathrm{d}t}$
$F(t)$	$1-R(t)$	—	$\int_0^t f(t)\,\mathrm{d}t$	$1-\mathrm{e}^{-\int_0^t \lambda(t)\,\mathrm{d}t}$
$f(t)$	$-\dfrac{\mathrm{d}R(t)}{\mathrm{d}t}$	$\dfrac{\mathrm{d}F(t)}{\mathrm{d}t}$	—	$\lambda(t)\,\mathrm{e}^{-\int_0^t \lambda(t)\,\mathrm{d}t}$
$\lambda(t)$	$-\dfrac{\mathrm{d}}{\mathrm{d}t}\ln R(t)$	$\dfrac{1}{1-F(t)}\cdot\dfrac{\mathrm{d}F(t)}{\mathrm{d}t}$	$\dfrac{f(t)}{\int_t^\infty f(t)\,\mathrm{d}t}$	—

1.4.2　可靠性试验及分类

进行可靠性设计时,为了明确所设计产品的可靠性要求、制定可靠性目标、预计和验证可靠性特征量等,都必须掌握产品的可靠性数据。可靠性试验是获得产品可靠性数据的重要手段。所谓可靠性试验就是为了提高和证实产品的可靠性水平而进行的各种试验的总称。这里所说的产品包括系统、设备、零部件及材料。与常规试验相比,由于可靠性试验是为了获得统计数据,所以可靠性试验所用的时间较长、所花的费用较大。但从提高和保证产品的质量的角度来讲是值得的,费效比是较高的。寿命试验是可靠性试验的重要组成部分,是为了评价、分析产品寿命可靠性特征量所进行的试验[9,129]。

按试验场所的不同,寿命试验可分为现场寿命试验和实验室寿命试验。现场寿命试验是指产品在使用条件下观测到的实际寿命数据。它最能说明产品的可靠性水平,可以说是最终的客观标准。因此,收集现场的产品寿命数据是很重要的一个方面。然而,收集现场数据会遇到很多困难,需要的时间较长,工作情况难以一致,要有详细的产品使用记录,而且必须有相应的管理人员进行组织,只有这样做才能获得比较准确的数据。实验室寿命试验是模拟现场情况的试验。它将现场重要的应力条件搬到实验室,并加以人工控制。也可以进行影响寿命的单项或少数几项应力组合的试验。还可设法缩短试验时间以加速取得试验结果。

按试验截止情况的不同,寿命试验可分为全数寿命试验和截尾寿命试验。全数寿命试验是指当试样全部失效才停止的试验。这种试验方式可获得较完整的试验数据,统计分析结果也较好。但这种试验所需时间较长,有时甚至难以实现。截尾寿命试验又可分为定数截尾寿命试验和定时截尾寿命试验。定数截尾寿命试验就是试验到规定的失效数即停止的试验。定时截尾寿命试验就是试验到规定的时间,此时不管试样失效多少都停止的试验。根据试验中试样失效后是否用新试样替换继续试验,还可分为有替换和无替换两种。故一般可归纳为如下4种试验:①有替换定时截尾寿命试验;②有替换定数截尾寿命试验;③无替换定时截尾寿命试验;④无替换定数截尾寿命试验[129-132]。

全数寿命试验也可看成是截尾数是 n 的无替换定数截尾寿命试验。此外,尚有分组最小寿命试验、序贯寿命试验、有中止的寿命试验等。

通过试验获得数据后应对分布类型进行检验和对分布参数进行估计。

1.4.3 可靠度计算的基本模型——应力-强度模型

1.4.3.1 应力-强度模型[9]

应力是指对产品功能有影响的各种外界因素,强度是指产品承受应力的能力。对应力和强度应该做广义的理解。应力除了通常所讲的机械应力外,还包括载荷(力、力矩、转矩等)、变形、温度、磨损、油膜、电流、电压等。同样,强度除了通常所讲的机械强度外,还应包括承受上述各种形式应力的能力。下面主要以机械应力和机械强度为基础进行分析,其他形式的应力和强度可用类似的方法进行处理。

由应力-强度模型可知,强度 x_s 大于应力 x_1 就不会发生失效,可靠度即为不发生失效的概率,故可靠度为

$$R = P(x_s > x_1) = P(x_s - x_1 > 0) = P\left(\frac{x_s}{x_1} > 1\right) \tag{1-17}$$

应力 x_1 和强度 x_s 均应理解为随机变量。

1.4.3.2 一般公式

由应力-强度模型求可靠度的一般公式为

$$R = P(x_s > x_1) = \int_{-\infty}^{\infty} f_1(x_1) \left[\int_{x_1}^{\infty} f_s(x_s)\, \mathrm{d}x_s\right] \mathrm{d}x_1 \tag{1-18}$$

类似地,也可求得可靠度的另一种表达式:

$$R = \int_{-\infty}^{\infty} f_s(x_s) \left[\int_{-\infty}^{x_s} f_1(x_1)\, \mathrm{d}x_1\right] \mathrm{d}x_1 \tag{1-19}$$

特别地,当应力和强度均服从正态分布时,可靠度的表达式为

$$R = 1 - \Phi(z_p) = \Phi(z_R) \tag{1-20}$$

式中:z_R 为联结系数,$z_R = \dfrac{\bar{x}_s - \bar{x}_1}{(s_s^2 + s_1^2)^{\frac{1}{2}}}$。

第2章

摩擦磨损试验的方案设计及数据处理

2.1 概　述

　　试验方法是摩擦磨损研究的主要方法和手段之一,摩擦学系统是多样而复杂的,应用试验的方法,可以帮助研究者方便地找到其磨损的一些规律性,从而使研究可以从简入繁。进行摩擦磨损试验以及寿命试验的目的是通过试验测试数据和相关数学方法建立摩擦磨损预测模型,同时为零件或系统的可靠寿命预测打下基础。试验主要应用摩擦磨损试验机以及齿轮试验机进行,一方面方便数据的测量,另一方面克服了实际工程系统过于复杂而使得研究工作难于进行的缺点。

2.2 试验设备

2.2.1 MMW-1型立式万能摩擦磨损试验机

　　MMW-1型立式万能摩擦磨损试验机如图2-1所示。该试验机是立轴销盘式摩擦磨损试验机,可以进行滚动、滑动或滑滚复合运动的摩擦形式。试验机的主要技术参数如表2-1所列,可以通过测试记录软件,记录每个时刻的摩擦力、转速、摩擦力矩、摩擦系数等。试验机摩擦副包括:销盘摩擦副、止推圈摩擦副、球盘摩擦副、四球摩擦副、球三片摩擦副和其他摩擦副(滚动接触疲劳四球摩擦副、黏滑摩擦副)。本试验采用销盘摩擦副,其试验原理如图2-2所示[133]。

表 2-1　试验机主要技术参数

技 术 参 数	范　　围
轴向试验力/N	$10 \sim 1000$
试验力示值相对误差/%	± 1
摩擦力矩测试最大值/(N·m)	2.5

（续）

技　术　参　数	范　　围
摩擦力矩示值相对误差/%	±2
主轴转速/(r/min)	0.05~2000
试样温度控制范围/℃	室温~260
运动形式	滑动、滚动或滑滚混合
试验介质	水、油、磨料、泥浆等

图 2-1　MMW-1 型立式万能摩擦磨损试验机

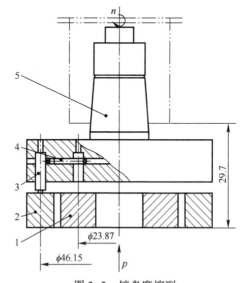

图 2-2　销盘摩擦副

1—小试环；2—大试环；3—试样销；4—螺钉；5—销夹头。

2.2.2　CL-100 型齿轮试验机

CL-100 型齿轮试验机主要用于测试齿轮润滑剂承载能力,加载载荷可按等级从小到大的顺序逐级加载,在试验各级载荷测试结束后,对齿面进行测试检查和评定。齿轮试验机为机械功率封闭型试验机,由试验齿轮箱、配测齿轮箱、联轴器、弹性扭力轴和加载器等组成一个机械封闭系统,图 2-3 所示为试验机传动工作原理图。封闭系统的扭矩和转数可通过传感器和它的二次仪表显示出来。利用加载器给两端轴一相对扭矩,则封闭系统内弹性扭力轴和其他零件就会产生弹性扭转变形。只要此扭转变形能保持不变,则封闭系统内的扭矩就不会变化。试验齿轮箱和配测齿轮箱都传递一定的功率,称为封闭功率。封闭功率测试原理为能量可以循环利用,电动机供给的能量仅用来克服封闭系统中各零部件运转时的摩擦损失。

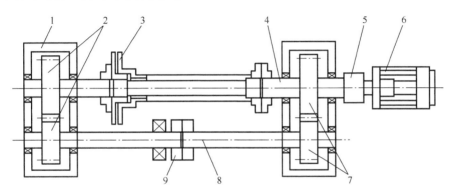

图 2-3　试验机传动原理图

1—齿轮箱;2—试验齿轮;3—扭矩离合器;4,8—轴;5—联轴器;

6—电机;7—驱动齿轮;9—加载离合器。

试验机主动轮的转速为 1460r/min 和 2900r/min,驱动功率为 5.5kW,最大转矩为 1000N·m,载荷级别分为 12 级。根据加速度振动信号来判断齿轮轮齿的点蚀寿命,当达到预试验信号时即停机检查。为节省时间和保证试验数据的可靠,应合理地选择试验载荷。试验载荷根据许用接触应力确定,使所加载荷产生的计算应力接近于许用应力,试验齿轮载荷选取四级载荷。

CL-100 型齿轮试验机时间设置为 15min,不符合本试验恒应力测量要求,为此在试验齿轮箱上安装了加速度传感器。调理模块和 DI-158U 数据采集器与加速度传感器连接用于接收信号,数据通过 USB 接口连接在研华工控机上,通过相应的加速度软件接收实时信号并记录下来,改造后的试验台如图 2-4 所示[134]。

图 2-4　改造后的试验台

2.3　试验材料及其制备

2.3.1　试件摩擦磨损试验

试验材料选择工程常用的 45 钢和 Cr12 合金钢作为盘试件(图 2-5),经过不同的热处理方式得到不同的硬度值。磨件销的材料选为 65Mn 钢(图 2-6),热处理后硬度为 65HRC。材料的热处理工艺如表 2-2 所列,试件的硬度分布如图 2-7 所示。

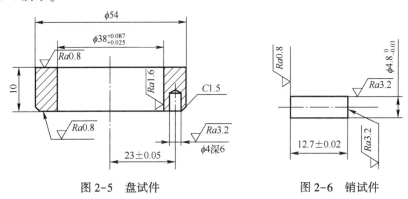

图 2-5　盘试件　　　　　　　　　　图 2-6　销试件

表 2-2　试件的热处理工艺

试件编号	材　料	热处理工艺
1	45 钢	回火 600℃,空冷 60min
2	45 钢	回火 550℃,空冷 60min

（续）

试件编号	材　　料	热处理工艺
3	45 钢	回火 500℃,空冷 60min
4	45 钢	回火 450℃,空冷 60min
5	45 钢	回火 380℃,空冷 60min
6	45 钢	淬火（纯水淬）700℃,20min
7	Cr12	淬火（纯水淬）840℃,20min
8	Cr12	淬火（纯水淬）900℃,20min
9	65Mn	淬火（纯水淬）1000℃,20min

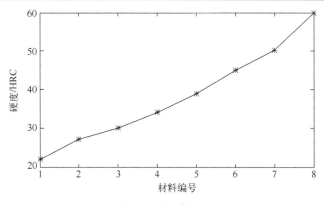

图 2-7　盘试件硬度

2.3.2　齿轮点蚀失效及磨损试验

通过 CL-100 型齿轮试验机测试齿轮的主要参数,如表 2-3 所列。试验齿轮材料选用 45 钢调质材料,采用 YK3132 CNC5 滚齿机加工。

表 2-3　齿轮的主要参数

参　　数	符　　号	大 齿 轮	小 齿 轮
模数/mm	m	4.5	
齿数	z	24	16
齿形角/(°)	α	20	
齿顶高系数	h_a^*	1.0	1.0
变位系数	x	−0.5	0.8635
精度等级	—	8 级	
中心距/mm	$a \pm f_a$	91.5±0.0175	

29

（续）

参　数	符　号	大　齿　轮	小　齿　轮
齿圈径向跳动/mm	F_r	0.018	
公法线长度变动/mm	F_w	0.012	
齿形公差/mm	f_f	0.007	
齿距极限偏差/mm	f_{pt}	±0.008	
齿向公差/mm	F_β	0.007	
公法线长度/mm	W_k	$33.184_{-0.086}^{-0.071}$	$36.877_{-0.086}^{-0.071}$
跨测齿数	K_z	3	4.5

2.4　试验方案的制定

试验设计就是对试验进行科学合理的安排,以达到最好的试验效果,主要内容是讨论如何合理地安排试验,取得数据,然后进行综合的科学分析,从而达到尽快获得最优方案的目的。一个好的试验方案应包括3个方面:首先要明确试验的目的,确定要考察的因素以及它们的变动范围,根据试验目的制定出合理的试验方案;其次要按照设计的试验方案,开展试验测试,获得试验数据;最后要对试验所得数据进行科学分析,判定所考察的因素中哪些是主要的,以及确定影响因素与试验指标的关系[135-136]。

摩擦学的试验研究通常具有研究因素多、试验水平多的特点,因而试验量较大,所以应该针对不同的研究内容,进行科学的试验设计,以通过较少的试验测试点获得更多的有效信息。

2.4.1　磨损试验方案设计

2.4.1.1　常用的试验设计方法及其特点[137-140]

试验设计方法始于20世纪20年代,至今已有90多年的历史。20世纪70年代以来,普遍使用的试验方法有优选法、回归分析法、正交设计法和均匀设计法等。

1. 优选法

优选法是能少做试验,尽快找到生产和科研的最优方案的方法。包括均分法、对分法、黄金分割法、斐波那契数列法、分数法等,也称为单因素分析法。这种方法适合用于挑选最优因素或寻求最优指标的试验设计。优选法虽然节省了许多试验次数,但它的缺点是非常明显的。优选法选择出来的"最优"工艺条件局限性很大,因为参加试验的各个因素本来都是变化的,却要人为地让它们始终固定在某个水平上,这样就很可能把这些因素之间的好的搭配方案漏掉了。当因素或水平数很多时,常常会得出错误的结论。

2. 回归分析法

回归分析法是一种处理变量与变量之间关系的统计方法。回归分析主要解决以下几方面问题:①确定几个特定变量之间是否存在相关关系,如果存在,找出它们之间合适的数学表达式;②根据一个或几个变量的取值,预报或控制另一个变量的取值,并且要知道这种预报或控制的精确度;③进行因素分析,确定因素的主次以及因素之间的相互关系等。

3. 正交设计法

正交设计法是根据数理统计学原理,从大量测试点中挑选适量的具有代表性的试验点,应用标准化的"正交表"来合理安排多因素试验的一种科学方法。只要做较少次数的试验就能得到比较满意的结果。其中,"正交表"是一种已经制作好的标准化表格,是正交试验设计的基本工具。正交设计法可以进行部分试验而得到基本上反映全面情况的试验结果,其特点为均衡分散、整齐可比,即试验点在测试范围内分散均匀,测试点在试验范围内排列规律整齐。缺点是当试验中因素或水平比较大时,正交试验的次数会很大。

4. 均匀设计法

均匀设计法是 1980 年由中国科学院应用数学研究所王元、方开泰教授等提出的"我国独创、国际领先"的试验设计方法。在我国的导弹设计中发挥了重要作用。经过 20 多年的发展和推广,已广泛应用于化工、医药、生物、军事工程、电子、社会经济等诸多领域,并取得了显著的经济和社会效益。均匀设计法不考虑数据的"整齐可比"性,只考虑试验点在测试范围内充分"均衡分散"性。由于布点均匀分散,因而每个点都具有代表性,只要进行很少次数的试验测试就可找出基本规律。安排试验测试点的特点是:①只考虑试验测试点在测试范围内均匀分布;②每个因素的每个水平做且只做一次试验测试;③任意两个因素每行每列有且仅有一个试验测试点。均匀设计法的优点是当因素数目和因素水平较多时,所需试验次数也不必很多,实际上均匀设计的试验次数可以是因素的水平数目,或者是因素的水平数目的倍数,而不是平方数;布点均匀分散,每个点都具有代表性。

2.4.1.2　试验设计方法选择

从以上所述的几种试验设计方法来看,优选法适合于少因素、少水平的试验设计。正交设计法是多因素的优化试验设计方法,可以按正交设计安排多因素试验,试验测试次数较少,省时省力。均匀设计法吸取了正交设计"试验测试点均匀分散,具有代表性"的优点,克服了正交设计法试验次数按水平数二次方增加的缺点。不仅适合多因素,也适合多水平的试验设计,且其所需试验次数明显减少——仅与水平数的一次方成正比,而且试验结果正确、可靠。

在研究磨损规律时,不仅考虑多个因素对磨损的影响,而且要考虑每个因素的变化对磨损的影响,即需要对每个因素考虑多个水平。如果用正交设计法安排试验,势必要做很多次试验,费时费力,而优选法又容易使结论失真。均匀设计法能够较好地解决这些问题,既可以选多个因素,又可以满足每个因素的多水平的要求。因此,试验方案采用均匀设计法[140]。

2.4.1.3 试验方案

磨损预测模型中主要考虑润滑剂、试件硬度、载荷和速度 4 个影响因素,每个因素水平在试验机参数范围内取值应尽量大。润滑剂主要通过其 p_B 值进行评价,选用的润滑剂为 500SN、320#工业齿轮油、320#蜗杆齿轮油和 GL-5 车辆齿轮油,通过四球试验机测得对应的 p_B 值分别为 40kg、57kg、63kg 和 95kg。盘试验硬度根据图 2-7 取 6 个水平值分别为 27HRC、30HRC、34HRC、39HRC、45HRC 和 50HRC。载荷范围为 150～480N,水平数取为 12。转速的范围为 80～300r/min,水平数取 12。则四因素混合水平下的均匀设计结果见表 2-4,试验水平取值见表 2-5[141]。

表 2-4 均匀设计结果

序　号	p_B	H	p	n
1	2	1	3	9
2	2	6	7	8
3	3	4	9	1
4	4	3	1	7
5	4	2	6	2
6	2	3	12	4
7	1	4	5	11
8	3	6	4	5
9	1	5	2	3
10	1	1	10	6
11	4	5	11	10
12	3	2	8	12

表 2-5 均匀设计试验水平取值

序　号	p_B/kg	H/HRC	p/N	$n/(\mathrm{r \cdot min^{-1}})$
1	57	27	210	240
2	57	50	330	220

（续）

序　号	p_B/kg	H/HRC	p/N	n/(r·min^{-1})
3	63	39	390	80
4	95	34	150	200
5	95	30	300	100
6	57	34	480	140
7	40	39	270	280
8	63	50	240	160
9	40	45	180	120
10	40	27	420	180
11	95	45	450	260
12	63	30	360	300

2.4.2　磨损随机过程试验方案

以 500SN 为润滑剂,45 调质钢为磨损试件(硬度值为 50HRC),65Mn 耐磨钢为对磨件(硬度值为 65HRC),在载荷 400N、转速 100r/min 的条件下进行试验。试验时间分别为 30min、60min、90min、120min、150min 和 180min,每个时间点下做 6 次试验,分别测量磨损量。根据试验结果对其磨损过程进行分析,统计磨合期及稳定磨损期磨损量的分布。

2.4.3　齿轮点蚀失效及磨损试验方案

综合考虑试验精度和试验时间,试验齿轮箱中齿轮润滑剂选用 220 号基础油,以加速试验齿轮磨损且不影响齿轮运转精度,驱动齿轮箱内采用 CL-3 齿轮润滑剂,以保证驱动齿轮良好的润滑环境,使其连续平稳运转。

1. 齿轮疲劳点蚀失效试验方案

(1) 齿轮按照第 4 级进行加载,打开振动传感器软件测量振动。振动信号测量时要保留起始文件数据,以观察起始时间点。

(2) 当达到点蚀破坏时停机。判断依据为振动信号的波形变化,同时参考齿轮轮齿齿面点蚀面积。根据预试验测试可知,7h 左右为点蚀破坏关键时间节点,测试时间运转 6h 后加强加速度传感器信号的监测。信号达到规定加速度值即可停机,此时就是点蚀破坏的时间点。由初始时间点和破坏时间点即可得出齿轮点蚀寿命。

2. 齿轮接触疲劳磨损试验方案

(1) 将测量磨损齿面进行编号。首先测量齿轮轮廓的 X、Y、Z 三坐标,作为磨损前的基准尺寸。

（2）依次安装齿轮，按照第4级载荷级别进行加载。同时对每一对齿轮进行加速度的测量，当达到齿轮点蚀破坏标准时停机。

（3）再次测量齿面三坐标，与试验前对应尺寸比较得出齿轮磨损量。

（4）测量后使齿轮再次运转3h，然后再次测量齿面三坐标。

2.5　试验结果

通过摩擦磨损试验，可以获得磨损量、摩擦系数、摩擦力矩等信息。摩擦磨损试验包括四因素的均匀设计试验和随机过程的试验，主要是获得磨损量和摩擦系数的数据信息。

对于疲劳点蚀失效试验，主要是获得齿轮轮齿齿面点蚀寿命和磨损量的信息。齿轮点蚀失效，试验中设计停机判断标准为当齿轮点蚀面积占齿面面积的2%时。对于齿轮磨损量的测量，采用表面轮廓测量法得到磨损量。该方法是根据从齿根到齿顶齿廓形状的变化来表征磨损量。试验测试结果如表2-6~表2-12所列。

表2-6　四因素磨损试验测试结果

试 验 序 号	磨损前/mg	磨损后/mg	磨损量/mg	均值/mg
1	91018.900	90985.473	33.427	28.794
	89756.351	89728.650	27.701	
	89856.485	89831.232	25.253	
2	85224.282	85221.620	2.662	2.121
	85541.513	85539.749	1.764	
	85939.568	85937.632	1.936	
3	90725.613	90721.331	4.282	2.827
	90680.150	90679.005	1.145	
	90813.615	90810.562	3.053	
4	90258.192	90252.358	5.834	8.640
	90418.364	90413.601	4.763	
	91035.548	91020.333	15.215	
5	90863.685	90858.498	5.187	5.060
	9.365.330	90361.258	4.070	
	92568.276	92562.349	5.927	

（续）

试 验 序 号	磨损前/mg	磨损后/mg	磨损量/mg	均值/mg
6	90403.992	90335.635	68.357	66.885
	90067.259	90002.596	64.663	
	89961.761	89894.126	67.635	
7	90928.584	90909.820	18.764	17.732
	90472.836	90454.199	18.637	
	90921.058	90905.263	15.795	
8	85675.410	85675.012	0.398	0.487
	85654.529	85653.964	0.565	
	87258.825	87258.326	0.499	
9	88857.778	88854.668	3.110	7.366
	91185.533	91172.123	13.410	
	90054.182	90048.603	5.579	
10	90205.551	90164.414	41.137	44.401
	90185.137	90124.729	60.408	
	89185.857	89154.200	31.657	
11	90944.365	90937.323	7.042	4.898
	91171.301	91169.350	1.951	
	90918.386	90912.684	5.702	
12	90718.359	90717.205	1.154	1.295
	86449.161	86447.896	1.265	
	90733.480	90732.014	1.466	

表 2-7　磨损随机过程试验测试结果

组　　号	时间/min	磨损前/mg	磨损后/mg	磨损量/mg
第 1 组	30	89030.048	89024.400	5.648
		88412.439	88409.210	3.229
		88854.142	88851.185	2.957
		88265.100	88254.223	10.877
		89454.270	89446.535	7.735
		89635.563	89631.259	4.304

（续）

组　　号	时间/min	磨损前/mg	磨损后/mg	磨损量/mg
第2组	60	89359.530	89353.475	6.055
		89534.585	89522.199	12.386
		88529.374	88526.846	2.528
		90342.565	90335.521	7.044
		89777.930	89773.351	4.579
		88698.659	88692.941	5.718
第3组	90	89165.649	89161.810	3.839
		89165.335	89154.140	11.195
		88394.123	88390.878	3.245
		88653.800	88641.105	12.695
		89477.918	89472.565	5.353
		89637.815	89627.826	9.989
第4组	120	88517.371	88513.220	4.151
		89160.890	89154.260	6.630
		88432.595	88428.003	4.592
		89615.310	89599.695	15.615
		89138.360	89130.461	7.899
		89482.354	89469.617	12.737
第5组	150	88964.351	88951.328	13.023
		89540.084	89534.280	5.804
		89210.984	89196.256	14.728
		88497.358	88489.620	7.738
		89468.600	89464.240	4.360
		87968.530	87949.652	18.878
第6组	180	88326.101	88320.370	5.731
		89775.395	89757.672	17.723
		89136.800	89133.979	2.821
		89823.549	89807.251	16.298
		88924.320	88901.250	23.070
		90148.683	90129.628	19.055

表 2-8 齿轮疲劳点蚀试验测试结果

试 验 编 号	运 转 时 间	运 转 次 数
1 号	6h 57min 26s	609453
2 号	7h 54min 51s	693281
3 号	6h 27min 17s	565434
4 号	7h 31min 42s	659482
5 号	7h 7min 1s	623444
6 号	7h 52min 45s	690215
7 号	8h 9min 23s	714500
8 号	7h 1min 13s	614976
9 号	8h 24min 34s	736424
10 号	7h 1min 58s	616071
11 号	8h 3min 41s	706178
12 号	8h 2min 42s	704742
13 号	7h 1min 3s	614733

表 2-9 大齿轮第一次磨损量

磨损面积/mm^2	磨损体积/mm^3	磨损量/g
0.7826	15.652	0.1228682
0.8761	17.522	0.1375477
1.1588	23.176	0.1819316
1.2464	24.928	0.1956848
1.3284	26.568	0.2085588
1.3394	26.788	0.2102858
1.4222	28.444	0.2232854
1.5804	31.608	0.2481228
1.6344	32.688	0.2566008
1.7491	34.982	0.2746087

表 2-10 大齿轮第二次磨损量

磨损面积/mm^2	磨损体积/mm^3	磨损量/g
1.3367	26.734	0.2098619
1.6067	32.134	0.2522519
1.6147	32.294	0.2535079

磨损面积/mm²	磨损体积/mm³	磨损量/g
1.927	38.540	0.302539
1.9988	39.976	0.3138116
2.4973	49.946	0.3920761
2.4975	49.950	0.3921075
2.5947	51.894	0.4073679
2.6319	52.638	0.4132083
2.7153	54.306	0.4263021

表 2-11　小齿轮第一次磨损量

磨损面积/mm²	磨损体积/mm³	磨损量/g
0.6165	12.330	0.0967905
0.6499	12.998	0.1020343
0.6656	13.312	0.1044992
0.738	14.760	0.115866
0.7456	14.912	0.1170592
0.7812	15.624	0.1226484
0.8701	17.402	0.1366057
1.0156	20.312	0.1594492
1.0926	21.852	0.1715382
1.1095	22.190	0.1741915

表 2-12　小齿轮第二次磨损量

磨损面积/mm²	磨损体积/mm³	磨损量/g
0.8932	17.864	0.1402324
0.8944	17.888	0.1404208
1.0632	21.264	0.1669224
1.0964	21.928	0.1721348
1.2627	25.254	0.1982439
1.3070	26.140	0.205199
1.3092	26.184	0.2055444
1.4505	29.010	0.2277285
1.5047	30.094	0.2362379
2.0277	40.554	0.3183489

2.6　相似试验数据

2.6.1　磨损数据的来源

目前磨损数据的表达形式有 3 种。第一种是材料磨损率数据库,它是以数据表的形式给出在各种条件下的摩擦系数和磨损率。其优点是数据直接、可靠,可以直接据此估计零件的使用寿命,缺点是适用面窄、数据共享性极差。第二种是磨损形态失效图,它提供了磨损表面的失效情况,给出了磨损表面的磨损机理方面的详细信息,但它过分偏重理论的磨损现象,而对摩擦副磨损估计的指导意义不大。第三种是磨损图,它是前两种数据库的结合,即在一张图上提供了各种工况条件下的磨损机理和磨损率,以及当摩擦磨损条件改变时磨损机理的转变情况[142-144]。

对于不同材料的磨损性能,研究者已经做了大量的试验,获得了大量的磨损数据。整理和分析这些数据,进行转化处理得到所需信息,可以避免耗时耗力的工作,这也是摩擦学数据共享性研究的一个分支,即实现不同试验数据的利用程度最大化。

利用研究所得以数据表或图形形式给出的磨损数据,也可以由一些公认的物理模型,按照不同的磨损机制计算磨损率。因此,在《摩擦学学报》《润滑与密封》、*Wear*、*International Tribology* 等国内外期刊、学位论文以及相关文献中收集磨损数据时,记录下试验材料、试验条件、试验参数及试验环境等[145]。

2.6.2　数据整理与数据样本

收集来的磨损数据,都是试验研究者在一个相对独立的系统中得到的。任何两组试验之间都存在一些系统差别,因此,需要对摩擦系统进行分类,并对试验数据作进一步转化处理。从整个摩擦系统考虑,两个系统可能存在的差别包括:①材料因素,如试件的材料性能及其形状和表面硬度等;②环境因素,如环境气氛和润滑剂等;③操作因素,包括摩擦形式(点接触、线接触、面接触)以及载荷和速度等[143]。

选择性能相近的材料、相似的试验环境、相同的接触形式,只是载荷和速度不同的试验数据。选出符合要求的试验数据后,对数据进行转化和整理。通过参量的规范化处理,可以去除试验中摩擦副的几何特征及其材料性质方面的某些影响因素,使不同试验的数据具有可比性[145]。为了更好地利用不同条件下的磨损数据,系统转化和数据处理应遵循以下原则:

（1）试验材料选择性能相近的钢；

（2）试验环境为大气环境下、常温；

（3）试验接触形式为销-盘、盘-盘等面接触的形式；

（4）试验条件为低载、低速；

（5）采用正应力表示载荷，以消除摩擦副不同接触面积的影响；

（6）采用无量纲化的磨损率，以消除接触面积和磨损距离的影响；

（7）忽略其他影响因素。

整理数据，载荷转化为接触应力，符号 σ_H；速度转化为销中心线速度，符号 v，硬度转化为维氏硬度，符号 H；磨损率转化为无量纲化的单位面积、单位距离上的磨损体积，符号 w。

经过筛选和转化，磨损率相对集中，可以认为这些数据是处在一个大系统下的，具有一定可比性的样本。按照这样的分类方法将数据进行分类整理，最终得到 10 余组 170 多个样本的干摩擦磨损数据和 6 组 71 个样本的润滑条件下的磨损数据。干摩擦下的磨损数据见表 2-13。

表 2-13　干摩擦下的磨损数据整理

序号	试验材料	H/HV	σ_H/MPa	v/(m·s^{-1})	w/(m^3/(m^2·m))
1		340	1.105	0.170	2.40×10^{-8}
2		340	1.105	0.230	2.00×10^{-8}
3		340	1.105	0.290	2.50×10^{-8}
4		340	1.105	0.350	3.00×10^{-8}
5		340	1.105	0.400	4.40×10^{-8}
6		391	1.105	0.170	1.40×10^{-8}
7		391	1.105	0.230	1.60×10^{-8}
8		391	1.105	0.290	2.00×10^{-8}
9	45 钢	391	1.105	0.350	2.30×10^{-8}
10		391	1.105	0.400	3.70×10^{-8}
11		340	0.552	0.230	1.30×10^{-8}
12		340	1.105	0.230	2.00×10^{-8}
13		340	1.657	0.230	4.40×10^{-8}
14		340	2.210	0.230	7.50×10^{-8}
15		340	2.762	0.230	1.02×10^{-7}
16		391	0.552	0.230	1.10×10^{-8}
17		391	1.105	0.230	1.60×10^{-8}
18		391	1.657	0.230	4.00×10^{-8}

（续）

序号	试验材料	H/HV	$\sigma_\mathrm{H}/\mathrm{MPa}$	$v/(\mathrm{m\cdot s^{-1}})$	$w/(\mathrm{m^3/(m^2\cdot m)})$
19	45 钢	391	2.210	0.230	6.90×10^{-8}
20		391	2.762	0.230	8.90×10^{-8}
21		385	0.080	0.560	7.40×10^{-9}
22		385	0.160	0.560	9.20×10^{-9}
23		385	0.240	0.560	1.18×10^{-8}
24		385	0.320	0.560	1.41×10^{-8}
25		773	0.080	0.560	1.90×10^{-9}
26		773	0.160	0.560	3.10×10^{-9}
27		773	0.240	0.560	5.70×10^{-9}
28		773	0.320	0.560	7.50×10^{-9}
29	高速钢	525	1.390	1.600	1.30×10^{-8}
30		501	1.390	1.600	1.10×10^{-8}
31		506	1.390	1.600	8.00×10^{-9}
32		547	1.390	1.600	5.00×10^{-9}
33		527	1.390	1.600	7.00×10^{-9}
34		483	1.390	1.600	9.40×10^{-9}
35	38NCD4	287	1.330	0.100	4.80×10^{-6}
36		375	1.330	0.100	1.04×10^{-6}
37		504	1.330	0.100	2.70×10^{-7}
38		567	1.330	0.100	1.20×10^{-7}
39		675	1.330	0.100	8.50×10^{-8}
40		287	1.330	0.100	6.00×10^{-6}
41		287	1.330	0.100	2.10×10^{-6}
42		287	1.330	0.100	6.90×10^{-7}
43		287	1.330	0.100	3.50×10^{-7}
44		287	1.330	0.100	2.50×10^{-7}
45		287	1.330	0.100	9.90×10^{-7}
46		287	1.330	0.100	2.20×10^{-7}
47	19CN5	357	1.330	0.100	5.60×10^{-7}
48		423	1.330	0.100	1.20×10^{-7}
49	45CrNiMoVA	240	0.410	2.180	4.51×10^{-8}
50		240	0.620	2.180	8.58×10^{-8}

（续）

序号	试验材料	H/HV	σ_H/MPa	$v/(\mathrm{m\cdot s^{-1}})$	$w/(\mathrm{m^3/(m^2\cdot m)})$
51		240	0.830	2.180	2.23×10^{-7}
52		240	1.150	2.180	3.23×10^{-7}
53		240	1.360	2.180	5.65×10^{-7}
54		240	0.830	0.600	4.10×10^{-9}
55		240	0.830	0.980	3.24×10^{-8}
56		240	0.830	1.330	7.74×10^{-8}
57		240	0.830	2.180	2.03×10^{-7}
58	45CrNiMoVA	240	1.150	0.600	4.10×10^{-9}
59		240	1.150	0.980	2.01×10^{-8}
60		240	1.150	1.330	1.51×10^{-7}
61		240	1.150	2.180	3.30×10^{-7}
62		240	1.360	0.600	8.10×10^{-9}
63		240	1.360	0.980	3.66×10^{-8}
64		240	1.360	1.330	1.75×10^{-7}
65		240	1.360	2.180	5.62×10^{-7}
66		207	0.390	0.980	4.07×10^{-10}
67		207	0.580	0.980	8.14×10^{-9}
68		207	0.780	0.980	1.63×10^{-8}
69		207	1.080	0.980	2.44×10^{-8}
70		207	1.270	0.980	4.89×10^{-8}
71		355	0.390	0.980	4.07×10^{-9}
72		355	0.580	0.980	1.22×10^{-8}
73		355	0.780	0.980	1.63×10^{-8}
74	45CrNi	355	1.080	0.980	4.48×10^{-8}
75		355	1.270	0.980	8.55×10^{-8}
76		650	0.390	0.980	2.04×10^{-8}
77		650	0.580	0.980	1.22×10^{-8}
78		650	0.780	0.980	3.26×10^{-8}
79		650	1.080	0.980	5.29×10^{-8}
80		650	1.270	0.980	6.11×10^{-8}
81		445	0.390	0.980	8.14×10^{-9}
82		445	0.580	0.980	1.22×10^{-8}

（续）

序号	试验材料	H/HV	$\sigma_\mathrm{H}/\mathrm{MPa}$	$v/(\mathrm{m \cdot s^{-1}})$	$w/(\mathrm{m^3/(m^2 \cdot m)})$
83		445	0.780	0.980	4.07×10^{-8}
84		445	1.080	0.980	5.70×10^{-8}
85		445	1.270	0.980	6.11×10^{-8}
86		207	0.390	1.330	8.14×10^{-9}
87		207	0.580	1.330	1.63×10^{-8}
88		207	0.780	1.330	2.04×10^{-8}
89		207	1.080	1.330	2.85×10^{-8}
90		207	1.270	1.330	1.59×10^{-7}
91		355	0.390	1.330	4.07×10^{-9}
92		355	0.580	1.330	1.22×10^{-8}
93		355	0.780	1.330	2.85×10^{-8}
94		355	1.080	1.330	4.89×10^{-8}
95		355	1.270	1.330	9.77×10^{-8}
96		650	0.390	1.330	1.22×10^{-8}
97		650	0.580	1.330	1.63×10^{-8}
98	45CrNi	650	0.780	1.330	2.04×10^{-8}
99		650	1.080	1.330	3.66×10^{-8}
100		650	1.270	1.330	6.92×10^{-8}
101		445	0.390	1.330	8.14×10^{-9}
102		445	0.580	1.330	1.63×10^{-8}
103		445	0.780	1.330	2.04×10^{-8}
104		445	1.080	1.330	4.89×10^{-8}
105		445	1.270	1.330	8.14×10^{-8}
106		207	0.390	2.180	1.02×10^{-7}
107		207	0.580	2.180	1.22×10^{-7}
108		207	0.780	2.180	1.42×10^{-7}
109		207	1.080	2.180	2.85×10^{-7}
110		207	1.270	2.180	3.66×10^{-7}
111		355	0.390	2.180	2.04×10^{-8}
112		355	0.580	2.180	8.14×10^{-8}
113		355	0.780	2.180	2.44×10^{-7}
114		355	1.080	2.180	5.70×10^{-7}

（续）

序号	试验材料	H/HV	σ_H/MPa	v/(m·s^{-1})	w/(m³/(m²·m))
115		355	1.270	2.180	7.12×10^{-7}
116		650	0.390	2.180	3.26×10^{-8}
117		650	0.580	2.180	4.07×10^{-8}
118		650	0.780	2.180	1.63×10^{-7}
119		650	1.080	2.180	4.48×10^{-7}
120		650	1.270	2.180	5.50×10^{-7}
121		445	0.390	2.180	2.04×10^{-8}
122		445	0.580	2.180	1.02×10^{-7}
123		445	0.780	2.180	3.26×10^{-7}
124		445	1.080	2.180	4.88×10^{-7}
125		445	1.270	2.180	5.70×10^{-7}
126		207	0.390	3.140	8.14×10^{-9}
127		207	0.580	3.140	6.92×10^{-8}
128		207	0.780	3.140	1.63×10^{-7}
129		207	1.080	3.140	2.77×10^{-7}
130	45CrNi	207	1.270	3.140	4.93×10^{-7}
131		355	0.390	3.140	8.14×10^{-8}
132		355	0.580	3.140	1.87×10^{-7}
133		355	0.780	3.140	2.85×10^{-7}
134		355	1.080	3.140	4.88×10^{-7}
135		355	1.270	3.140	4.72×10^{-7}
136		650	0.390	3.140	2.04×10^{-8}
137		650	0.580	3.140	8.96×10^{-8}
138		650	0.780	3.140	2.69×10^{-7}
139		650	1.080	3.140	3.74×10^{-7}
140		650	1.270	3.140	5.62×10^{-7}
141		445	0.390	3.140	1.63×10^{-8}
142		445	0.580	3.140	1.14×10^{-7}
143		445	0.780	3.140	2.20×10^{-7}
144		445	1.080	3.140	3.09×10^{-7}
145		445	1.270	3.140	4.23×10^{-7}

（续）

序号	试验材料	H/HV	σ_H/MPa	v/(m·s^{-1})	w/(m^3/(m^2·m))
146		997	0.820	0.100	1.42×10^{-6}
147		889	0.820	0.100	1.33×10^{-6}
148		795	0.820	0.100	1.58×10^{-6}
149	Cr12MoV	825	0.820	0.100	1.50×10^{-6}
150		997	0.820	0.100	2.25×10^{-6}
151		620	0.820	0.100	3.33×10^{-6}
152		388	0.820	0.100	5.83×10^{-6}
153		923	0.820	0.100	5.42×10^{-6}
154		825	0.820	0.100	4.08×10^{-6}
155		688	0.820	0.100	5.83×10^{-6}
156	4Cr5MoV	739	0.820	0.100	5.33×10^{-6}
157		795	0.820	0.100	4.17×10^{-6}
158		399	0.820	0.100	5.92×10^{-6}
159		243	0.820	0.100	8.17×10^{-6}
160		856	0.820	0.100	3.58×10^{-6}
161		739	0.820	0.100	5.50×10^{-6}
162		599	0.820	0.100	9.50×10^{-6}
163	MnCrWV	543	0.820	0.100	7.50×10^{-6}
164		436	0.820	0.100	7.00×10^{-6}
165		289	0.820	0.100	8.33×10^{-6}
166		226	0.820	0.100	9.33×10^{-6}
167		254	0.250	1.000	7.63966×10^{-9}
168		254	0.510	1.000	8.91294×10^{-9}
169		254	1.020	1.000	1.19688×10^{-8}
170	40Cr	254	1.530	1.000	3.56518×10^{-8}
171		254	1.020	0.500	1.37514×10^{-8}
172		254	1.020	1.500	1.27328×10^{-8}

　　由于大部分试验都是单因素下的磨损试验,因素的同一水平会重复出现。为了同时获得多个水平下的数据样本,从每一个样本中抽取出几个水平下的数据,组成一个样本。这样,虽然样本的数目减少了,但是参数范围基本不变,样本仍具有一定的代表性。

　　按照数据整理方法,得到的数据样本如表 2-14 所列。由于硬度的数值比接触应力和速度的值大 2~3 个数量级,在建模的时候各个变量的权重就不一样,会使接触应力参数前面的系数很小。为了使方程的系数较为一致,方便分析比较,对硬度做归一化的处理,用硬度值乘以系数 10^{-2},处理后的硬度值与接触应力和速度在相同的数量级上。接触应力和速度取原值,分别用 σ_H 和 v 表示。无量纲的磨损率的值很小,数量级在 10^{-8} 左右,这样会使模型的系数变得非常小,甚至超出软件的计算精度,不便于分析。因此,将磨损率乘上系数 10^{-9},这样的数据处理方法只改变了系数的数量级,并不影响模型的规律和趋势。整理后的建模样本如表 2-15 所列。

表 2-14 干摩擦下的磨损数据样本

序 号	H/HV	σ_H/MPa	$v/(m \cdot s^{-1})$	$w/(m^3/(m^2 \cdot m))$
1	100	0.800	0.650	8.46×10^{-8}
2	163	2.830	1.570	1.41×10^{-7}
3	178	1.769	1.570	1.20×10^{-7}
4	188	2.830	1.570	1.34×10^{-7}
5	202	2.830	1.570	1.28×10^{-7}
6	207	1.270	0.980	4.89×10^{-8}
7	218	2.830	1.570	1.17×10^{-8}
8	226	0.820	1.046	9.33×10^{-8}
9	240	1.150	0.980	4.01×10^{-8}
10	340	1.105	0.400	4.40×10^{-8}
11	355	1.080	0.980	4.48×10^{-8}
12	385	0.320	0.560	1.41×10^{-8}
13	388	0.820	1.046	5.83×10^{-8}
14	391	1.105	0.400	3.70×10^{-8}
15	445	1.080	1.330	4.89×10^{-8}
16	453	1.390	1.600	9.40×10^{-9}
17	495	1.390	1.600	1.10×10^{-8}
18	506	1.390	1.600	8.00×10^{-9}
19	525	1.390	1.600	1.30×10^{-8}
20	537	1.390	1.600	7.00×10^{-9}
21	567	1.390	1.600	5.00×10^{-9}
22	620	0.820	1.046	3.33×10^{-8}
23	630	1.769	1.570	2.70×10^{-8}
24	650	1.080	1.330	3.66×10^{-8}

（续）

序　号	H/HV	σ_H/MPa	$v/(\text{m}\cdot\text{s}^{-1})$	$w/(\text{m}^3/(\text{m}^2\cdot\text{m}))$
25	773	0.320	0.560	1.75×10^{-8}
26	795	0.820	1.046	1.58×10^{-8}
27	825	0.820	1.046	1.50×10^{-8}
28	889	0.820	1.046	1.33×10^{-8}
29	997	0.820	1.046	1.42×10^{-8}

表 2-15　建模样本

序　号	H/HV	σ_H/MPa	$v/(\text{m}\cdot\text{s}^{-1})$	$w/(\text{m}^3/(\text{m}^2\cdot\text{m}))$
1	1	0.800	0.650	84.6
2	1.63	2.830	1.570	141
3	1.78	1.769	1.570	120
4	1.88	2.830	1.570	134
5	2.02	2.830	1.570	128
6	2.07	1.270	0.980	48.9
7	2.18	2.830	1.570	117
8	2.26	0.820	1.046	93.3
9	2.4	1.150	0.980	40.1
10	3.4	1.105	0.400	44
11	3.55	1.080	0.980	44.8
12	3.85	0.320	0.560	14.1
13	3.88	0.820	1.046	58.3
14	3.91	1.105	0.400	37
15	4.45	1.080	1.330	48.9
16	4.53	1.390	1.600	9.4
17	4.95	1.390	1.600	11
18	5.06	1.390	1.600	8
19	5.25	1.390	1.600	13
20	5.37	1.390	1.600	7
21	5.67	1.390	1.600	5
22	6.2	0.820	1.046	33.3
23	6.3	1.769	1.570	27
24	6.5	1.080	1.330	36.6

47

（续）

序　号	H/HV	σ_H/MPa	v/(m · s^{-1})	w/(m^3/(m^2 · m))
25	7.73	0.320	0.560	17.5
26	7.95	0.820	1.046	15.8
27	8.25	0.820	1.046	15
28	8.89	0.820	1.046	13.3
29	9.97	0.820	1.046	14.2

2.6.3　干摩擦磨损预测模型

2.6.3.1　多项式回归分析模型[146-147]

1. 一阶线性回归模型

当因素为硬度 h、接触应力 σ_H、速度 v 时，建立的回归方程为

$$w = a + bh + c\sigma_H + dv \tag{2-1}$$

估计 a、b、c、d 的值，可以得到一元回归模型。

将表 2-15 中的硬度、接触应力、速度、磨损率的数值输入统计软件 SPSS 中的数据中，在线性回归中选择自变量和因变量，选择回归方法以及显著性检验、拟合优度检验等，进行回归分析，并对得到的结果做进一步的分析。

表 2-16 所示为回归方程拟合优度检验，是检验样本数据点聚集在回归线周围的密集程度，从而评价回归方程对样本数据的代表程度。表中 R^2 为判定系数，是验证一个线性模型拟合优度时常用的参数。一元线性回归分析时，其数学定义为

$$R^2 = \frac{SS_R}{S_{yy}} = \frac{\sum_{i=1}^{n}(\hat{y}_i - \bar{y})^2}{\sum_{i=1}^{n}(y_i - \bar{y})^2} \tag{2-2}$$

式中：SS_R、S_{yy} 分别为 y 的残差平方和、校正平方和。

多元线性回归方程采用的 R^2 的数学定义为

$$R^2 = 1 - \frac{\dfrac{SS_e}{(n-p-1)}}{\dfrac{S_{yy}}{(n-1)}} \tag{2-3}$$

式中：SS_e 为 y 的回归平方和。

表 2-16　模型拟合优度(1)

R	R^2	R^2 修正值	估计标准差 S_x
0.840	0.706	0.671	25.02695

当 $R^2=1$ 时,表示所有的观察点完全落在回归线上;当 $R^2=0$ 时,表示自变量与因变量之间无线性相关。为了尽可能确切地反映模型对总体系数的拟合度,可修正 R^2,修正 R^2 的计算公式为

$$R^2 a = R^2 - \frac{P(1-R^2)}{n-p-1} \tag{2-4}$$

式中:P 为自变量的个数;$R^2 a$ 值为表 2-16 中的 R^2 修正值,其中 $a=1-\alpha$,α 为显著性水平,取 0.05,使得模型尽可能接近于拟合实体。

一般情况下 R^2 应在 0.8 以上,由表 2-16 可知,$R^2=0.706$ 不高,说明线性度不高。R^2 的估计标准误差 $S_x=25.02695$,说明此模型通不过 R^2 拟合优度检验。表 2-17 为方差分析表,是方程的显著性检验,显示出回归及残差的对应关系。

表 2-17　模型方差分析表(1)

方差来源	离差平方和	自由度	平均离差平方和	F 值	P 值
回归	37674.055	3	12558.018	20.050	0.000
残差	15658.705	25	626.348	—	—
总和	53332.760	28	—	—	—

对线性回归方程的显著性检验,就是要看自变量 $x_1,x_2,x_3,\cdots,x_P$ 从整体上对随机变量是否有明显的影响。为此提出原假设 $H_0:\beta_1=\beta_2=\cdots=\beta_P=0$,如果 H_0 被接受,则表明随机变量 y 与 $x_1,x_2,x_3,\cdots,x_P$ 之间的关系由线性回归模型表示不合适。构造的 F 检验统计量为

$$F = \frac{\dfrac{SS_R}{P}}{\dfrac{SS_e}{(n-p-1)}} \tag{2-5}$$

其计算结果一般列在表 2-17 所列方差分析表中,再由给定的显著性水平 α 查 F 分布表,得到临界值 $F_\alpha(p, n-p-1)$。当 $F>F_\alpha(p, n-p-1)$ 时,拒绝原假设 H_0,认为在显著性水平 α 下 y 与 $x_1,x_2,x_3,\cdots,x_P$ 有显著的线性关系,即回归方程是显著的。反之,当 $F<F_\alpha(p,n-p-1)$ 时,则认为回归方程的线性关系不显著。表 2-17 中的 F 值表示对方程进行的是 F 检验值,P 值是 F 检验的显著性水平值,其中 $P(F>F$ 值$)=P$ 值,当 P 值小于检验规定的显著性水平 α 时,拒绝假设 H_0,即回归方程是显著的。反之 $P>\alpha$ 时,接受假设 H_0,认为回归方程不显著。

从表 2-17 得到的回归离差平方和为 37674.055，残差离差平方和为 15658.705，总平方和为 53332.760。回归系数检验统计量 $F = 20.050$，相伴概率值 $P = 0$，小于显著性水平 α，说明线性回归是显著的。

在线性回归中，回归方程显著并不意味着每个自变量对 y 的影响都显著，因此若要从回归方程中剔除那些次要的、可有可无的变量，重新建立更为简单的回归方程，就需要对每个自变量进行显著性检验。显然，如果某个自变量 x_j 对 y 的作用不显著，那么在回归模型中，它的系数 β_j 就取值为 0。因此，检验变量 x_j 是否显著等价于检验假设 $H_{0j}:\beta_j = 0 (j = 1,2,\cdots,p)$。如果接受原值设 H_{0j}，则 x_j 不显著；如果拒绝原假设 H_{0j}，则 x_j 是显著的。表 2-18 所列为 SPSS 软件分析出的结果。

表 2-18　回归系数显著性检验(1)

模　　型	非标准的回归系数		标准的回归系数	t 值	P 值
	B 值	标准差	β 值		
常数	58.048	19.124	—	3.035	0.006
硬度	-6.813	2.458	-0.377	-2.771	0.010
接触应力	43.872	11.198	0.708	3.918	0.001
速度	-31.759	17.030	-0.293	-1.865	0.074

由表 2-18 可以得到拟合的回归方程为

$$w = 58.048 - 6.813h + 43.872\sigma_{\mathrm{H}} - 31.759v \tag{2-6}$$

可以得到接触应力的回归系数都是正值，对磨损率起增大性作用。但是它们是否显著呢，从表 2-18 可知，硬度的相伴概率 $P = 0.010$，小于显著性水平 $a = 0.05$，此系数显著。接触应力的概率 $P = 0.001 < a$，接触应力的系数显著。速度的概率 $P = 0.074 > a$，速度的系数不显著。为了进一步提高方程的显著性，尝试进行二阶多项式回归建模。

2. 二阶多项式回归模型

分析可知，磨损率关于硬度、接触应力和速度的一阶线性回归模型，不能很好地反映磨损率的变化规律，所以考虑采用二阶多项式回归模型，其一般形式为

$$w = a + b_1h + b_2\sigma_{\mathrm{H}} + b_3v + b_{11}h^2 + b_{22}\sigma_{\mathrm{H}}^2 + b_{33}v^2 + b_{12}h\sigma_{\mathrm{H}} + b_{13}hv + b_{14}\sigma_{\mathrm{H}}v \tag{2-7}$$

根据获得的数据，求得 a、b_1、b_2、b_3、b_{11}、b_{22}、b_{33}、b_{12}、b_{13}、b_{23} 的值，并对回归方程和各个回归系数进行显著性检验。此方程是非线性回归模型，一般将其转化成线性方程来分析，取 $x_1 = h$，$x_2 = \sigma_{\mathrm{H}}$，$x_3 = v$，$x_4 = h^2$，$x_5 = \sigma_{\mathrm{H}}^2$，$x_6 = v^2$，$x_7 = h\sigma_{\mathrm{H}}$，$x_8 = hv$，$x_9 = \sigma_{\mathrm{H}}v$，则 w 的线性表达式为

$$w = a + b_1x_1 + b_2x_2 + b_3x_3 + b_{11}x_4 + b_{22}x_5 + b_{33}x_6 + b_{12}x_7 + b_{13}x_8 + b_{14}x_9 \tag{2-8}$$

依然使用 SPSS 软件中的多元线性回归分析的方法,可以拟合回归模型。选择 Backward 回归方法,并根据回归模型的决定系数和每一个系数的显著性要求,以及残差要尽量小的原则,选择模型 2(表 2-19),得到

$$w = 13.529 + 80.404v + 1.166h^2 + 5.574\sigma_{\mathrm{H}}^2 - 19.634hv \qquad (2-9)$$

其拟合优度检验 R^2 为 0.884, R^2 的估计标准误差 $S_x \approx 17.62$,模型通过拟合优度检验。回归平方和为 47119.52,残差平方和为 6213.238,总平方和为 53332.76。回归检验统计量 $F = 18.959$,相伴概率值 P 为 0.000,小于显著性水平 α,说明回归模型是显著的(表 2-20)。此时,模型具有一定的显著性。为了对比分析,进行三阶多项式回归模型的建立。

表 2-19　模型拟合优度(2)

模　型	R	R^2	R^2 修正值	估计标准差
1	0.941	0.885	0.831	17.952130
2	0.940	0.884	0.837	17.625604
3	0.935	0.875	0.833	17.849115
4	0.933	0.870	0.834	17.781343
5	0.925	0.856	0.825	18.244805

表 2-20　模型方差分析表(2)

模　型	方差来源	离差平方和	自　由　度	平均离差平方和	F 值	P 值
1	回归	47209.45	9	5245.495	16.276	0.000
	残差	6123.301	19	322.279	—	—
	总和	53332.76	28	—	—	—
2	回归	47119.52	8	5889.940	18.959	0.000
	残差	6213.238	20	310.662	—	—
	总和	53332.76	28	—	—	—
3	回归	46642.35	7	6663.193	20.915	0.000
	残差	6690.409	21	318.591	—	—
	总和	53332.76	28	—	—	—
4	回归	46376.88	6	7729.481	24.447	0.000
	残差	6955.876	22	316.176	—	—
	总和	53332.76	28	—	—	—
5	回归	45676.68	5	9135.337	27.444	0.000
	残差	7656.077	23	332.873	—	—
	总和	53332.76	28	—	—	—

3. 三阶多项式回归模型

二阶多项式回归模型已经具有较高的拟合优度和显著性,为进一步提高模型的显著性,进行三阶多项式回归模型的建立,分析得到的回归模型为

$$w = -4015 + 141.832v - 26.601h\sigma_{\text{H}} - 0.144h^3 + 4.536h^2\sigma_{\text{H}} + 17.063\sigma_{\text{H}}^2h - 29.606h\sigma_{\text{H}}v$$

$$(2-10)$$

选择模型 2,回归方程的拟合优度检验 $R^2 = 0.951$, R^2 的估计标准误差 $S_x \approx 12.27$,模型通过拟合优度检验(表 2-21)。回归平方和为 50087.378,残差平方和 2559.589,总平方和为 52646.967。回归系数检验统计量 $F = 30.242$,相伴概率值 $P = 0$,小于显著性水平 α,说明回归是显著的(表 2-22)。

表 2-21　模型拟合优度(3)

模　型	R	R^2	R^2 修正值	估计标准差
1	0.977	0.955	0.921	12.1734896
2	0.975	0.951	0.920	12.2704544
3	0.972	0.945	0.915	12.6549304
4	0.971	0.942	0.915	12.6593562
5	0.967	0.935	0.910	13.0368642

表 2-22　模型方差分析表(3)

模型	方差来源	离差平方和	自　由　度	平均离差平方和	F 值	P 值
1	回归	50275.865	12	4189.655	28.271	0.000
	残差	2371.102	16	148.194	—	—
	总和	52646.967	28	—	—	—
2	回归	50087.378	11	4553.398	30.242	0.000
	残差	2559.589	17	150.564	—	—
	总和	52646.967	28	—	—	—
3	回归	49764.316	10	4976.432	31.074	0.000
	残差	2882.651	18	160.147	—	—
	总和	52646.967	28	—	—	—
4	回归	49602.040	9	5511.338	34.390	0.000
	残差	3044.927	19	160.259	—	—
	总和	52646.967	28	—	—	—
5	回归	49247.770	8	6155.971	36.220	0.000
	残差	3399.197	20	169.960	—	—
	总和	52646.967	28	—	—	—

综上所述,随着回归模型阶次的提高,模型的显著性也越来越高,即高阶模型对试验测试点的拟合效果好,但是高阶模型会出现稳定性差、预测可靠性低等缺点。

2.6.3.2　模型的比较与检验

把不同的硬度、接触应力、速度值代入到 4 个模型中,将模型的计算值与实际值进行比较,如表 2-23 所列。从表 2-23 可以看出,对于回归模型,一阶线性回归模型的预测误差较大,三阶多项式回归模型虽在两个点上预测结果较好,但存在预测稳定性差的缺点,如第 5 个点,预测误差太大。从多元线性回归分析中可知,采用的自变量越多,回归平方和越大,残差平方和越小。然而,采用较多的变量来拟合回归方程,会使得方程的稳定性差,回归方程预测的可靠性差、精度低。

表 2-23　磨损率计算值与试验值的比较

变　　　量	结　果　比　较				
h	1.78	2.4	3.55	4.45	6.3
σ_H	1.769	0.83	1.08	0.58	2.83
v	1.57	1.33	0.98	0.98	1.57
试验测试值	120	77.4	44.8	22.2	43
一阶线性回归模型	73.67	35.87	50.12	22.05	89.42
二阶多项式回归模型	106.03	68.35	45.21	31.67	36.48
三阶多项式回归模型	108.06	100.97	47.57	56.25	249.96

综合比较,二阶多项式回归模型的拟合效果及其预测结果较为准确可靠,因此,选择二阶多项式回归模型作为磨损预测模型,如式(2-9)。

2.6.4　边界润滑磨损预测模型

2.6.4.1　数据的整理与样本

基于均匀试验测试结果进行分析建模。为提高模型的精确度,把数据做如下处理:p_B 值乘以系数 10^{-2},记为 r;硬度转化为维氏硬度,并乘以系数 10^{-2},记为 h;接触应力转化为正应力,记为 σ_N;速度为销中心线速度,记为 v;磨损率转化为无量纲的单位面积、单位距离的磨损体积,为便于分析和计算,将其乘以系数 10^8,记为 w。整理后的数据如表 2-24 所列。

表 2-24 数据整理

序 号	r/N	h	σ_N/MPa	$v/(m \cdot s^{-1})$	$w_1/(m^3/(m^2 \cdot m))$
1	9.31	2.8	3.87	0.58	6.915
2	9.31	5.13	6.08	0.53	0.5462
3	5.59	3.82	7.18	0.19	1.8418
4	6.17	3.35	2.76	0.48	2.712
5	6.17	3.02	5.53	0.24	2.8165
6	9.31	3.35	8.84	0.34	4.4784
7	3.92	3.82	4.97	0.68	3.6265
8	5.59	5.13	4.42	0.38	0.1168
9	3.92	4.46	3.32	0.29	3.3332
10	3.92	2.8	7.74	0.43	10.9797
11	6.17	4.46	8.29	0.63	0.9391
12	5.59	3.02	6.63	0.72	0.2089

2.6.4.2 多项式回归分析模型

采用逐步回归方法分别建立一阶和二阶模型,经比较,二阶模型具有更高的显著性。模型检验如表 2-25~表 2-27 所列。由表 2-25 可知,修正的 R^2 为 0.997,模型具有很高的拟合优度。由表 2-26 可知,$P=0.041<0.05$,模型通过显著性检验。由表 2-27 可知,各个系数的 P 值也都小于 0.05,即模型的每个系数也都是显著的,其预测方程为

$$w_1 = 33.1 - 5.96r - 3.45h + 0.58r^2 + 0.21\sigma_N^2 - 23.79v^2 - 0.11rh - 0.335r\sigma_N + 4.87hv$$

$$(2-11)$$

表 2-25 模型拟合优度(4)

R	R^2	R^2修正	估计标准差
1	1	0.997	0.18634

表 2-26 模型方差分析表(4)

方差来源	离差平方和	自 由 度	平均离差平方和	F 值	P 值
回归	97.453	8	12.182	350.826	0.041
残差	0.035	1	0.035	—	—
总和	97.488	9	—	—	—

表 2-27　回归系数显著性检验(2)

模　型	非标准的回归系数		标准的回归系数	t 值	P 值
	B 值	标准差	β 值		
常数	33.066	1.465	−3.661	22.567	0.028
r	−5.960	0.307	−0.849	−19.400	0.033
h	−3.453	0.312	4.879	−11.080	0.037
rr	0.581	0.019	1.309	31.205	0.020
$\sigma_N \sigma_N$	0.205	0.016	−1.231	12.713	0.050
vv	−23.788	2.031	−0.352	−11.715	0.044
rh	−0.111	0.048	−1.471	−2.333	0.048
$r\sigma_N$	−0.335	0.033	1.160	−10.163	0.032
hv	4.868	0.518	1.160	9.397	0.027

第 3 章

磨损预测静态模型

3.1 概　述

材料磨损的定量预测是摩擦学领域的重点研究方向之一。目前,有许多学者提出了有关材料磨损计算的方法,但仍然存在许多不完善的地方,与工程实际应用还有一定的差距,仅在个别情况下某些零件的磨损计算才是成功的,因为磨损还不能像材料强度一样进行计算[70]。决定磨损过程的因素都具有随机性,多为随机变量,在进行磨损预测研究时,通常采用试验测试的方法,而磨损试验数据波动大,随机误差大,但具有很强的统计性,所以寻求合适的数理统计方法来进行摩擦磨损的研究,是克服上述缺陷及更好解决问题的有效途径。把能够代表耐磨损性能的磨损率作为评价指标,运用概率与统计的方法研究磨损规律性,建立磨损预测的多项式模型是一种有效的方法。

磨损率概率预测模型充分考虑了磨损率的概率统计性,其特点包括:①从系统角度研究磨损统计规律,直接依据实际磨损过程的磨损结果,使磨损概率预测方程更接近摩擦系统的实际磨损规律;②概率论与数理统计学原理以及试验设计理论在磨损预测中的应用,使磨损预测方程更具有科学性,也使得预测结果具有可靠性。

3.2　影响因素的确定与分析

影响材料摩擦磨损性能的因素有几十个,在应用试验方法建立预测模型时,需要选择起主要影响作用并可以进行量化研究的因素。对于工作参数,载荷和滑动速度是两个主要因素,研究的也比较多。研究中除了考虑以上两个因素外,还增加了体现材料性质的硬度以及工作环境中的润滑剂。

载荷是通过接触面积的大小和变形状态来影响摩擦力的,摩擦磨损总是发生在一部分接触微凸体上,接触点数目和各接触点尺寸将随着载荷的增大而增大。一般情况下,金属表面处于弹塑性接触状态,使得摩擦力随着载荷的增加而增加。所以,载荷的增加会加大材料的磨损速度。滑动速度也是影响材料磨损的一个主要因素,因为在一般情况下,速度将引起表面层发热、变形、化学变化和磨损等,从而显著地影响摩擦系数。对于一般的弹塑性接触状态的摩擦副,随着载荷的不同,滑动速度对摩擦系数的影响趋势也会不同。图 3-1 所示为克拉盖尔斯基等[6]提出的试验结果,当载荷极小时,摩擦系数随着滑动速度的增加而线性增加,而在载荷极大时,却是线性递减的。图 3-1 中的曲线 2 和 3 说明在中等载荷下,摩擦系数随滑动速度的增加而越过一极大值,并且随着表面刚度或载荷的增加,摩擦系数的极大值的位置向坐标原点移动。

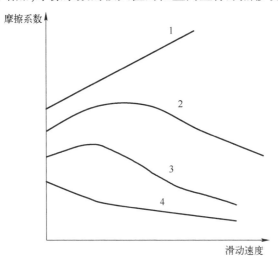

图 3-1　摩擦系数与滑动速度的关系
1—极小载荷;2,3—中等载荷;4—极大载荷。

摩擦副的刚度和弹性以及摩擦表面接触几何特性和表面层物理性质等都会对其摩擦磨损性能产生影响。在这些影响因素中,起主要作用的是材料的表面硬度,试验研究也表明,在磨粒磨损中,磨料硬度与试件材料硬度之间的相对值影响磨粒磨损的特性。现在一些较为先进的表面工程技术如激光熔覆等,熔覆涂层的耐磨性之所以会高于基体,原因之一就是一般情况下熔覆涂层的硬度高于基体的硬度,这种效果在熔覆合金与陶瓷材料的涂层上尤为显著。所以尽管体现材料性质的因素有很多,对于耐磨损性能的研究,表面硬度是主要因素。

润滑的目的是在摩擦表面之间形成具有法向承载能力而切向剪切强度低的润滑膜,用它来减少摩擦阻力和降低材料磨损。润滑膜可以是液体或气体组成的流体膜或者固体膜。根据润滑膜的形成原理和特征,润滑状态可以分为流体动压润滑、流体静压润滑、弹性流体动压润滑、薄膜润滑、干摩擦状态、边界润滑等几种基本状态。对于实际机械中的摩擦副,通常是几种润滑状态同时并存,统称为混合润滑状态[2]。在润滑理论的分析中,润滑剂最重要的物理性质是它的黏度和密度。在一定的工况条件下,润滑剂的黏度是决定润滑膜厚度的主要因素,同时黏度也是影响摩擦力的重要因素。高黏度的润滑剂不仅会引起很大的摩擦损失和发热,而且难以对流散热。这样,由于摩擦温度的升高,可能导致润滑膜破坏和表面磨损,所以对于任何实际的工况条件都存在着合理的黏度范围值。研究表明,润滑剂的密度和温度会随着温度、压力等工况的变化而变化。而黏度随温度的变化是润滑剂的一个十分重要的特性。通常,润滑剂的黏度越高,对温度的变化就越敏感。

润滑剂的黏度是其重要的物理性质,但润滑剂性能的好坏关键是润滑剂中的添加剂。基础油的性质是根本,而添加剂则是润滑剂的精髓。提高润滑剂性能的关键是提高添加剂的性能和质量,性能优良的添加剂能够大大提高润滑剂的极压性能和耐磨性能,而该性能主要体现在润滑剂的最大无卡咬载荷(p_B值)指标上。试验研究表明,在100SN基础油中加入纳米碳酸钙粒子,经四球磨损试验机最大无卡咬载荷、磨斑直径与摩擦系数测定表明,加入添加剂后,在润滑剂的p_B值比原值提高约1/10的情况下,摩擦系数比原来降低约1/10。由此可见,润滑剂对于材料摩擦磨损性能的影响主要取决于润滑剂的最大无卡咬载荷,因此,在考虑润滑剂性能的研究中主要考虑最大无卡咬载荷这一指标[148]。

3.2.1 硬度对磨损量影响的试验分析

选用基础油500SN作为润滑剂,在载荷(70N)和速度(1000r/min)两个工作参数都相同的条件下,对不同硬度下的试件进行相同时间的单因素摩擦磨损试验,观察其磨损量的变化。

不同硬度下,摩擦系数的变化如图3-2所示。可以看出,试验开始时,摩擦系数均出现一段时间的波动,这是因为刚进入摩擦磨损状态时,试件在表面质量上存在微小的差别,同时系统有一个自适应的调整阶段,所以出现一定的振动,属于磨合阶段,经过短暂的磨合期后,进入稳定摩擦磨损阶段,摩擦系数的值趋于稳定。随着试验时间的增加,摩擦系数的值也趋于一致,而且只在0.1上下波动,说明了当润滑剂相同时,材料硬度对摩擦系数的影响不大。因此,也可以得出,磨损处于边界润滑或混合润滑状态时,边界膜对摩擦系数起到主要的影响。

磨损量与硬度的关系如图3-3所示。可以看出,其基本变化趋势是,在相同时间下,随着材料表面硬度的增加磨损量降低。在硬度较低时,变化趋势较为明显;当硬度达到 45HRC 时,不仅磨损量已经很小,而且变化趋势也趋于平缓;当硬度为 60HRC 时,观察磨损表面,基本无磨痕,说明磨损量甚微。因此可以得出结论,随着硬度的增大,磨损量有降低的趋势,硬度是影响磨损的一个重要因素。但需要强调的是,硬度和耐磨性之间并不是一直呈线性关系,尤其是有些经过表面处理后的合金涂层,如果韧性不够,硬度的增加将会导致表面脆性的增加,反而会影响其耐磨损的性能[99]。

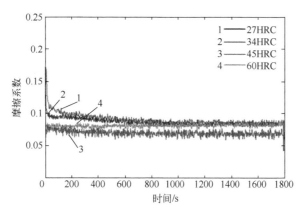

图 3-2　不同硬度下的摩擦系数曲线

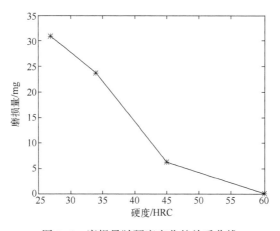

图 3-3　磨损量随硬度变化的关系曲线

3.2.2　最大无卡咬载荷对磨损量的影响

采用单因素试验的方法研究了润滑剂最大无卡咬载荷对材料耐磨损性能的影响。在载荷(95N)和速度(500r/min)一定的情况下,同样材料及表面性质的摩擦副的磨损量随润滑剂的 p_B 值的变化曲线如图 3-4 所示。由图 3-4 可见，基本的变化趋势是随着 p_B 值的增加，磨损量有减小的趋势，即材料的耐磨性能随着 p_B 值的增加而提高。磨损量与润滑剂的 p_B 值之间也并不是简单的线性关系，在其他影响因素都相同的情形下，磨损量的最低点出现在 608N，而不是 941N。其主要原因应该是润滑剂中的添加剂在现有的试验条件下没有充分发挥作用。不同 p_B 值润滑剂下摩擦系数的变化如图 3-5 所示。可以看出，磨合期摩擦系数均较大，进入稳定磨损期后，摩擦系数基本保持不变。320#工业齿轮油(p_B 值为 559N)的摩擦系数比 500SN(p_B 值为 392N)的大，磨损量却相反。GL-5 车辆齿轮油(p_B 值为 931N)在稳定磨损期有较小的摩擦系数，但其在相同条件下的磨损量却较 320#蜗杆齿轮油(p_B 值为 618N)润滑下的高。由此可见，减摩和抗磨并非是一致的关系。

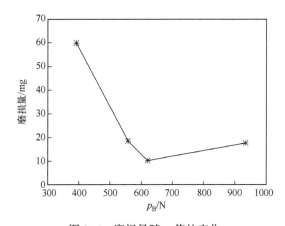

图 3-4　磨损量随 p_B 值的变化

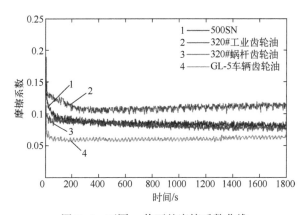

图 3-5　不同 p_B 值下的摩擦系数曲线

3.3　磨损预测静态模型

试验方案采用均匀设计法,满足在因素较多的情况下用尽量少的试验次数达到试验目的的要求[138-139,147]。对于均匀试验设计,较为常用的分析方法是逐步回归法,即从多项式方程中选择方差贡献显著的因素或因素组合,建立含部分变量的回归方程模型。但该种方法可能会存在一些问题,例如其中的组合变量如果存在多重共线性,则会使得分析结果不稳定。另外,在变量的选择上往往会使结果与实际有很大的出入,尤其可能出现模型显著但重要影响因素却落选的可能,传统的基于最小二乘的多元线性回归方法不能完全适应均匀设计建模的需要,因此,采用偏最小二乘回归方法进行建模分析。

3.3.1　偏最小二乘回归方法

偏最小二乘(Partial Least-Squares, PLS)回归方法是近年来应实际需要而产生和发展的一个有广泛适用性的多元统计分析方法[149-150]。该方法与传统的回归方法相比较,具有建模效果好、解释性强的特点,并可以以类似于主成分回归的方式克服共线性的问题。不同的是,它不仅吸取了主成分回归中从解释变量对因变量的解释问题,同时还考虑了主成分回归中所忽略的自变量对因变量的解释问题。偏最小二乘回归方法最初是研究多解释变量和多个反应变量的定量关系,并使得两个变量空间的协方差最大[151]。如果有两组变量,第一组变量是数据表 $X=[x_1,x_2,\cdots,x_p]$,第二组变量是数据表 $Y=[y_1,y_2,\cdots,y_q]$,它们都取样于同样的 n 个样本点,p 是自变量的个数,q 是因变量的个数,PLS 的目的是将数据集投影到一系列的潜变量 $t_j、u_j (j=1,2,\cdots,n)$,h_n 为潜变量的个数。其中,$t_j、u_j$ 应该满足如下两个条件:①携带数据表 X 和 Y 最大变异信息;②其相关性要达到最大。则有

$$t_j = X_j \cdot a_j \tag{3-1}$$

$$u_j = Y_j \cdot b_j \tag{3-2}$$

式中:$a_j、b_j$ 为使得 $t_j、u_j$ 相关程度达到最大的权重系数。

$a_j、b_j$ 可由寻优模型确定:

$$\max\{t_j,u_j\} = a_j^T X_j^T Y b_j \tag{3-3}$$

$$\text{s. t} \begin{cases} a_j^T X_j^T X_j a_j = 1 \\ b_j^T Y_j^T Y_j b_j = 1 \end{cases} \tag{3-4}$$

则在 $t_j、u_j$ 之间建立回归方程:

$$u_j = p_j t_j + e_j \tag{3-5}$$

其中，p_j 估算计算式为

$$p_j = (\boldsymbol{t}_j^{\mathrm{T}} \boldsymbol{t}_j)^{-1} \boldsymbol{t}_j^{\mathrm{T}} u_j \tag{3-6}$$

两组变量相邻的两次迭代关系为

$$X_{j+1} = X_j - \boldsymbol{t}_j \boldsymbol{a}_j^{\mathrm{T}} \tag{3-7}$$

$$Y_{j+1} = Y_j - \boldsymbol{p}_j \boldsymbol{t}_j \boldsymbol{b}_j^{\mathrm{T}} \tag{3-8}$$

当 X 和 Y 被提取 h_n 对潜变量后，残差分别为

$$E = X - \sum_{j=1}^{h_n} \boldsymbol{t}_j \boldsymbol{a}_j^{\mathrm{T}} \tag{3-9}$$

$$F = Y - \sum_{j=1}^{h} \hat{u}_j \boldsymbol{b}_j^{\mathrm{T}} \tag{3-10}$$

式中：$\hat{u}_j$ 为 u_j 的估计值，$\hat{u}_j = p_j p_j$。

潜变量 h_n 的个数由计算的预测残差平方和(Predicated Residual Sum of Squares，PRESS)决定。记为每一步分别计算去掉一个样本点后反应变量预测估计值和实际观测值的残差平方和，即

$$\mathrm{PRESS}_{h_n} = \sum_{i=1}^{n} \sum_{j=1}^{p} (y_{ij} - \hat{y}_{h_n j(-i)}) \tag{3-11}$$

式中：PRESS_{h_n} 为提取 h_n 个潜变量的预测残差平方和；y_{ij} 为第 i 个样本点的实际观测值；$\hat{y}_{h_n j(-i)}$ 为去掉样本点 i 后，根据提取的典型成分建立模型，并应用该模型对样本点 i 计算的预测值。

如果回归方程的稳健性不好，误差很大，它对样本点的变动就会十分敏感，这种扰动误差的作用就会加大 PRESS_{h_n} 值。另外，再采用所有的样本点，拟合含 h_n 个潜变量的回归方程，记所有样本点的误差平方和为

$$SS_{h_n} = \sum_{i=1}^{n} \sum_{j=1}^{p} (y_{ij} - \hat{y}_{h_n ij}) \tag{3-12}$$

式中：$\hat{y}_{h_n ij}$ 为根据所有样本点提取典型成分建立的模型计算的预测值。

$SS_{(h_n-1)j}$ 为用全部样本点拟合的具有 h_n-1 个潜变量的拟合误差，PRESS_{h_n} 增加了一个潜变量 t_{h_n}，但却含有扰动误差，如果 h_n 个潜变量回归方程的含扰动误差能在一定程度上小于 h_n-1 个潜变量的拟合误差，则认为增加一个潜变量 t_{h_n} 会使预测的精度明显提高，即需要进一步进行成分的提取。当单因变量只有一个时，偏最小二乘回归模型就是单因变量的，此时潜变量的计算相对于多因变量要简单。这时问题的分析与普通多元回归是类似的，同样当自变量之间存在严重多重相关性时，会使普通最小二乘法失效，破坏参数估计，扩大模型误差，并使模型丧失稳健性。因此应用偏最小二乘法可以克服以上问题，并允许在样本点个数少于变量个数的条件下进行回归建模，同时更易于辨识系统信息和噪

声,因此建立只有一个因变量(磨损量)与其多个影响因素的模型时,选择偏最小二乘回归方法更为合适。

3.3.2　二次偏最小二乘回归磨损预测模型

建立摩擦磨损预测模型时主要考虑了 4 个因素,依次为润滑剂性能 p_B、材料表面硬度 H、载荷 p、滑动速度 v,并分别用变量 x_1、x_2、x_3、x_4 表示。观测耐磨性指标磨损量转换为磨损率,用变量 y 表示。则考虑多因素互作、模型最优化的实际需要,最基本的要求是根据均匀设计试验结果建立二次多项式回归模型。因此,合理的回归模型为

$$y = b_0 + \sum_{i=1}^{4} b_i x_i + \sum_{i=1}^{4} b_{ii} x_i^2 + \sum_{i<j} b_{ij} x_i x_j + \varepsilon \tag{3-13}$$

图 3-6 所示为潜变量个数与误差的关系。可以看出,当潜变量个数为 3 时,因变量的拟合误差下降趋势趋于平缓,所以可以考虑将潜变量的个数确定为 3 个。

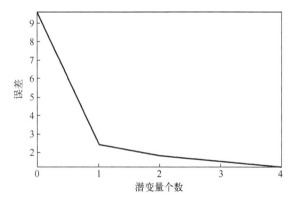

图 3-6　潜变量个数与误差的关系

令自变量集合为

$$\boldsymbol{X}' = \left[X_1, X_2, X_3, X_4, X_1^2, X_2^2, X_3^2, X_4^2, X_1 X_2, X_1 X_3, X_1 X_4, X_2 X_3, X_2 X_4, X_3 X_4 \right]$$

$$\tag{3-14}$$

式中:$\boldsymbol{X}_i = \left[x_{i1}, x_{i2}, \cdots, x_{i12} \right]^{\mathrm{T}}$;$\boldsymbol{X}_i^2 = \left[x_{i1}^2, x_{i2}^2, \cdots, x_{i12}^2 \right]^{\mathrm{T}}$;$\boldsymbol{X}_i \boldsymbol{X}_j = \left[x_{i1} x_{j1}, x_{i2} x_{j2}, \cdots, x_{i12} x_{j12} \right]^{\mathrm{T}}$。

自变量集合中 14 个变量的相关系数矩阵见表 3-1。由表 3-1 中的值可以判断出,很多组合变量的相关系数值都较大,由此可以判断变量之间存在严重的多重相关性,因而应用普通的多元回归方法可能无法进行参数的估计。应用偏最小二乘回归方法建立模型时,关键的技术是根据已经确定的潜变量的个数逐一提取对系统具有最佳解释能力的成分。

表 3-1　各变量间相关系数

相关系数	X_1	X_2	X_3	X_4	X_1^2	X_2^2	X_3^2	X_4^2	X_1X_2	X_1X_3	X_1X_4	X_2X_3	X_2X_4	X_3X_4
X_2	-0.0601													
X_3	0.1558	-0.1797												
X_4	0.0999	-0.1267	-0.0681											
X_1^2	0.9875	-0.0931	0.1354	0.1160										
X_2^2	-0.0469	0.9363	-0.2009	-0.1008	-0.0684									
X_3^2	0.1581	-0.2000	0.9728	-0.0772	0.1505	-0.2232								
X_4^2	-0.0515	-0.1672	0.0122	0.9700	0.0588	-0.1445	-0.0147							
X_1X_2	0.8114	0.5618	0.0987	0.0278	0.7779	0.6158	0.0827	-0.0355						
X_1X_3	0.7544	-0.0171	0.7588	-0.0277	0.7067	-0.0839	0.8319	-0.0215	0.6395					
X_1X_4	0.7600	-0.1098	-0.0217	0.7684	0.7268	-0.0744	-0.0200	0.7602	0.5336	0.3883				
X_2X_3	0.1796	0.4502	0.7913	-0.0838	0.1479	0.4308	0.8275	-0.0260	0.5217	0.7017	0.0049			
X_2X_4	0.0761	0.4191	-0.0962	0.8488	0.0797	0.4494	-0.1132	0.7833	0.3703	-0.0125	0.6984	0.2108		
X_3X_4	0.1085	-0.1456	0.5228	0.8134	0.1027	-0.1183	0.5430	0.8152	0.0686	0.3941	0.5995	0.4121	0.7319	
Y	-0.2845	0.5503	-0.4186	0.0172	0.3403	-0.5775	0.4951	-0.0944	-0.1179	0.5137	0.1287	0.0081	-0.2570	0.1903

记因变量 $\boldsymbol{F}_0$ 是因变量 y 的标准化向变量 $(\boldsymbol{F}_0 \in \boldsymbol{R}^n)$，有

$$F_0 = \frac{y_j - \bar{y}}{s_y}, \quad j = 1, 2, \cdots, 12 \tag{3-15}$$

式中：$\bar{y}$ 为 y 的均值；s_y 为 y 的标准差。

记 $\boldsymbol{E}_0$ 是集合 $\boldsymbol{X}$ 的标准化矩阵。按照偏最小二乘回归方法的原理及算法，首先确定矩阵 $\boldsymbol{E}_0'\boldsymbol{F}_0$、$\boldsymbol{F}_0'\boldsymbol{E}_0$ 最大特征值的特征向量和潜变量分别为

$$w_1 = \frac{\boldsymbol{E}_0'\boldsymbol{F}_0}{\|\boldsymbol{E}_0'\boldsymbol{F}_0\|} \tag{3-16}$$

$$t_1 = \boldsymbol{E}_0 w_1 \tag{3-17}$$

进而求得回归系数向量和残差矩阵分别为

$$p_1 = \frac{\boldsymbol{E}_0't_1}{\|t_1\|^2} \tag{3-18}$$

$$\boldsymbol{E}_1 = \boldsymbol{E}_0 - t_1 p_1' \tag{3-19}$$

若得到 m 个潜变量 $t_1, t_2, \cdots, t_m$，则实施 $\boldsymbol{F}_0$ 在 $t_1, t_2, \cdots, t_m$ 上的回归，得

$$\hat{F}_0 = r_1 t_1 + r_2 t_2 + \cdots + r_m t_m \tag{3-20}$$

最后，可以变换成 y 对 $x_1, x_2, \cdots, x_p$ 的回归方程为

$$\hat{y} = a_0 + a_1 x_1 + \cdots + a_p x_p \tag{3-21}$$

根据简化算法建立四因素磨损预测模型，提取潜变量 t_1：

$$t_1 = \boldsymbol{E}_0 w_1 = \frac{\displaystyle\sum_{i=1}^{14} r(x_i, y) x_i}{\sqrt{\displaystyle\sum_{i=1}^{14} r^2(x_i, y)}} \tag{3-22}$$

$$t_1 = 0.3501x_1 - 0.137x_2 + 0.4812x_3 + 0.1329x_4 + 0.1329x_1^2 - 0.3003x_2^2 +$$
$$0.0904x_3^2 - 0.4298x_4^2 - 0.2776x_1x_2 - 0.0522x_1x_3 - 0.3173x_1x_4 -$$
$$0.2803x_2x_3 - 0.2364x_2x_4 - 0.2972x_3x_4$$

$$\tag{3-23}$$

y 在 t_1 上的回归：

$$\hat{y} = r_1 t_1 \tag{3-24}$$

式中：$r_1 = \dfrac{\boldsymbol{F}_0't_1}{\|t_1\|^2}$。

提取潜变量 t_2，从而对上面的模型做进一步改善。记 $x_{11}, x_{12}, \cdots, x_{114}$ 是 x_1，$x_2, \cdots, x_{14}$ 在 t_1 上回归后的残差向量，有

$$t_2 = \frac{\sum\limits_{i=1}^{14} \mathrm{cov}(x_{1i}, y) x_{1i}}{\sqrt{\sum\limits_{i=1}^{14} \mathrm{cov}^2(x_{1i}, y)}} \qquad (3-25)$$

$t_2 = -0.0078x_1 + 0.5181x_2 - 0.1512x_3 + 0.1248x_4 - 0.5114x_1^2 - 0.1474x_2^2 -$

$0.5089x_3^2 + 0.1190x_4^2 - 0.1632x_1x_2 - 0.3526x_1x_3 - 0.1160x_1x_4 -$

$0.1742x_2x_3 - 0.2088x_2x_4 - 0.1101x_3x_4$

$$(3-26)$$

抽取潜变量 t_3，并最终得到 y 在 t_1, t_2, t_3 上的线性回归方程，各自变量对因变量主效应的标准回归系数如表 3-2 所列。

表 3-2　各自变量对因变量主效应的标准回归系数

因变量	x_1	x_2	x_3	x_4
y	−0.1015	−0.6963	0.3830	−0.0450

二次多项式回归模型为

$y = 33.81081 - 1.59107x_1 + 0.96966x_2 - 0.26263x_3 + 1.02447x_4 +$

$0.01787x_1^2 - 0.01811x_2^2 + 0.00081x_3^2 - 0.00177x_4^2 -$

$0.01188x_1x_2 + 0.00131x_1x_3 - 0.00355x_1x_4 -$

$0.00229x_2x_3 - 0.00200x_2x_4 - 0.00055x_3x_4$

$$(3-27)$$

二次多项式回归模型的拟合效果可以从误差平方和看出（图 3-7）。图 3-7 显示出提取不同潜变量个数时数据标准化后模型 PRESS 统计量下降的情况，由

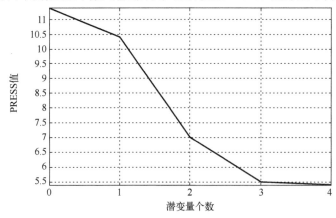

图 3-7　潜变量个数与 PRESS 的关系曲线

此也充分说明了提取 3 个潜变量是合适的。因为从图 3-7 可以看出,再多提取一个潜变量时,误差平方和并没有显著地降低。同时可以得到,提取不同潜变量时模型拟合决定系数 R^2 分别为 0.2037、0.8456、0.8680,从决定系数可以看出,提取 2 个或 3 个潜变量时,回归模型拟合程度都较好。

3.4 模 型 分 析

3.4.1 交叉有效性分析

记 y_i 为原始数据, t_1、t_2、t_3 为提取的潜变量,$\hat{y}_{h_ni}$ 为用全部样本点并取 $t_1 \sim t_3$ 个潜变量回归建模后,第 i 个样本点的拟合值。$\hat{y}_{h_n(-i)}$ 为在建模时删去样本点 i,取 $t_1 \sim t_3$ 个潜变量回归建模后,再用此模型计算的 y_i 的拟合值。记

$$SS_{h_n} = \sum_{i=1}^{n} (y_i - \hat{y}_{h_ni})^2 \tag{3-28}$$

$$\mathrm{PRESS}_{h_n} = \sum_{i=1}^{n} (y_i - \hat{y}_{h_n(-i)})^2 \tag{3-29}$$

$$Q_{h_n}^2 = 1 - \frac{\mathrm{PRESS}_{h_n}}{\mathrm{SS}_{h_n-1}} \tag{3-30}$$

式中:$Q_{h_n}^2$ 为潜变量 t_{h_n} 的交叉有效性,用来测量潜变量 t_{h_n} 对预测模型精度的边际贡献[151];h_n 为提取的潜变量的个数。

根据定义,希望 $\mathrm{PRESS}_{h_n}/\mathrm{SS}_{h_n-1}$ 的比值越小越好,一般情况下指定值为 0.95^2,所以用交叉有效性进行判断时,标准为当 $Q_{h_n}^2 \geqslant 0.0975$ 时,引进新的潜变量 t_{h_n} 会对模型的预测能力有明显的改善。对于试验计算的交叉有效性如表 3-3 所列。依据交叉有效性检验,当潜变量个数为 4 时,$Q_{h_n}^2 < 0.0975$。因此,对于该试验选择 $h_n = 3$,即提取 3 个潜变量作为偏最小二乘回归模型,效果最好。

表 3-3 交叉有效性检验

成分个数	$Q_{h_n}^2$	临 界 值
1	0.867	0.0975
2	0.285	0.0975
3	0.204	0.0975
4	−0.377	0.0975

3.4.2 T^2椭圆图

T^2椭圆图用于在t_1-t_2平面图上观察样本点的分布情况,同时发现那些取值远离样本点集合平均水平的特异点。

设第i个样本点对第h_n潜变量t_{h_n}的贡献率为$T^2_{h_n i}$,用它来发现样本点集合中的特异点,即

$$T^2_{h_n i} = \frac{t^2_{h_n i}}{(n-1)s^2_{h_n}}$$ (3-31)

式中:$s^2_{h_n}$为潜变量t_{h_n}的方差。

则样本点i对潜变量$t_1,t_2,\cdots,t_m$的累计贡献率为

$$T^2_i = \frac{1}{(n-1)}\sum_{h_n=1}^{m}\frac{t^2_{h_n i}}{s^2_{h_n}}$$ (3-32)

根据特雷西等证明,有下面的统计量及其分布:

$$\frac{n^2(n-m)}{m(n^2-1)}T^2_i \sim F(m,n-m)$$ (3-33)

所以,若满足

$$T^2_i \geqslant \frac{m(n^2-1)}{n^2(n-m)}F_{0.05}(m,n-m)$$ (3-34)

则认为在95%的检验水平上,样本点i对潜变量$t_1,t_2,\cdots,t_m$的累计贡献率过大,即样本点i为一个特异点。而当$m=2$时,这个判别条件为

$$\left(\frac{t^2_{1i}}{s^2_1}+\frac{t^2_{2i}}{s^2_2}\right)\geqslant\frac{2(n-1)(n^2-1)}{n^2(n-2)}F_{0.05}(2,n-2)$$ (3-35)

记

$$c = \frac{2(n-1)(n^2-1)}{n^2(n-2)}F_{0.05}(2,n-2)$$ (3-36)

则有

$$\left(\frac{t^2_{1i}}{s^2_1}+\frac{t^2_{2i}}{s^2_2}\right)=c$$ (3-37)

所以在t_1-t_2平面上,可以做出这个T^2椭圆图。

图3-8所示为试验中t_1-t_2平面上的T^2椭圆图,显然所有样本点都在椭圆内。因此样本点的分布是均匀的,而且没有特异点出现。

68

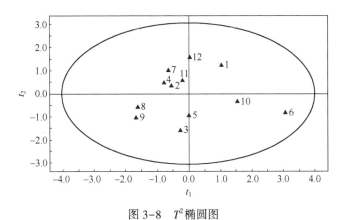

图 3-8　T^2 椭圆图

3.4.3　模型的预测效果检验

根据建立的模型,分别计算几组不同参数下磨损量的预测值,与试验结果进行了比较,结果如表 3-4 所列。根据表中数据计算均方预测误差(Root Mean Square Error of Prediction,RMSEP):

$$\text{RMSEP} = \sqrt{\frac{1}{5} \sum (y_i - \hat{y}_i)^2} = 3.322 \text{ (mg)}$$

表 3-4　磨损量预测值与试验值的比较

变　　量	结　果　比　较				
	1	2	3	4	5
x_1/kg	40	63	40	57	63
x_2/HRC	39	34	34	45	30
x_3/N	330	240	200	270	200
x_4/(r/min)	210	140	280	180	140
试验值/mg	37.403	27.221	24.844	13.260	34.863
预测值/mg	32.477	25.156	28.175	11.736	31.229

结果表明,在试验参数范围内该预测模型具有较好的预测效果。由此可以得出结论,该模型对参数范围内的材料的摩擦磨损趋势具有较好的预测效果。

第4章

磨损的随机、模糊可靠性预测

4.1 概　　述

可靠性是产品的基本属性,也是衡量产品质量好坏的一个重要指标。可靠性研究的对象是产品,如元器件、组件、零部件、设备及系统等。对于机械设备,机构运动副零件的失效,绝大多数是由于润滑不良、油质变化、配对副材料欠佳、制造与装配质量差、灰尘和温度的影响等引起的摩擦磨损,以及由于使用条件变化、交变载荷作用下引起的表面疲劳磨损。因此研究其磨损规律,进行科学的可靠性预测具有重要意义[44]。本章主要介绍磨损可靠性预测的基本概念,研究随机、模糊可靠性预测技术的关键问题,并结合磨损预测的静态模型对一定工作寿命下的可靠性以及一定可靠性下的工作寿命进行预测。

4.2　磨损可靠性的基本概念

结构或构件完成预定功能的概率称为可靠概率,也称为可靠度(P_S),不能完成预定功能的概率,称为失效概率(P_f)。对于机械系统来说,其可靠度是完成预期工作寿命的概率。所以磨损的可靠度是指产品在规定条件下,规定的使用周期内,能够满足磨损预期寿命的概率,磨损可靠度是由磨损速度决定的。通常情况下,零件磨损率与系统运行速度、表面质量、环境温度、润滑特性、载荷、运行时间等有关,对于材料或零件磨损速度的影响因素主要由润滑剂性能(p_B)、材料表面硬度(H)、载荷(p)和滑动速度(v)等共同决定的,即

$$w = g(p_B, H, p, v) \tag{4-1}$$

一般情况下磨损率 w 与 p_B、H、p、v 均具有分散性,属于随机变量。在给定工作寿命的条件下,如果已知磨损率的均值 $\bar{w}$,当磨损量为磨损速度与时间的线性函数时,一定磨损时间 t 下累积磨损量 W 可表示为

$$W = \overline{w}t \tag{4-2}$$

对于机械构件磨损可靠性的计算,不同对象,磨损速度或磨损量的确定方法会有所区别,但磨损失效的判定标准是一致的,即当其累积磨损量超过许用磨损量时即为失效。磨损量可以有质量磨损量、体积磨损量以及线磨损量等几种表达方式,相对应地,不同的研究对象其累积磨损量及许用磨损量的形式也会有所不同。

例如,发动机气缸壁的磨损量用线磨损量表示,其安全性的判定标准为累积磨损量 $W_p(\mu m)$ 小于许用磨损量 $W_{max}(\mu m)$,即零件的可靠度为

$$R(W_{max} \mid t) = P(W_p < W_{max}) \tag{4-3}$$

式中:W_p 为 t 时刻后的累积线磨损量。

对于齿轮机构,在磨损中造成齿轮轮齿变薄,因而在齿轮传动中,齿轮齿面磨损量应该小于或等于齿厚的偏差,所以齿轮齿面耐磨损可靠度可描述为齿轮齿面的磨损量小于或等于齿厚偏差的概率,即

$$R = P(h_t < T_s) = P(h_t - T_s \leq 0) \tag{4-4}$$

式中:h_t 为在给定工作寿命 t 下的磨损量;T_s 为给定的许用齿厚偏差。

由此可见,无论磨损量为哪一种表达式,其磨损可靠性分析的基本形式都是一致的。如果用 W_p 表示系统累积磨损量,W_{max} 表示许用磨损量,W_z 表示磨损时的安全裕量(或称为状态变量),则有

$$W_z = W_{max} - W_p \tag{4-5}$$

因此,磨损可靠性与失效概率也可表示为

$$R = P(W_z > 0) \tag{4-6}$$

$$P_f = P(W_z \leq 0) \tag{4-7}$$

通过分析可以看出,对于磨损可靠性的计算以及预测,在系统的许用磨损量给定的情况下,累积磨损量的确定是关键。然而要准确地计算累积磨损量,需要掌握其磨损过程及规律,确定磨损速度的影响因素及其相互关系,进而确定磨损速度的概率分布,在此基础上,才能确定累积磨损量的分布。

4.3　累积磨损量统计分析

4.3.1　磨损量与可靠寿命

零件的磨损率受多种因素的影响,累积磨损量是一段时间内一定磨损率下表面质量损失的总和。不同的零件或系统,在设计时都会根据使用经验、试验方法或计算分析确定出其许用磨损量的大小。当累积磨损量超过许用磨损量时,零件便需要维修或更新,所以说磨损量与设备的使用寿命具有相关性。由

磨损的基本过程,可以判断磨损量与耐磨寿命之间也具有一定的规律性。

摩擦学的典型磨损过程通常分为 3 个阶段。第一阶段为磨合阶段,磨损速度较大,通常黏着、擦伤、咬合或剧烈磨损出现在此阶段,如果是由于不稳定工况影响或装配间隙过大引起冲击等原因,会使磨合期的磨损转化为进展性磨损,零件的磨损加速,很快失效。第二阶段为稳定磨损阶段,在正常情况下,进入稳定磨损阶段后,磨损率几乎不变,因而可以认为磨损量与磨损时间 t_1 成线性关系;当系统润滑状况逐渐恶化,磨粒积聚逐渐增多,摩擦表面温度越来越高,表面磨损加快,系统很快失稳,功能丧失,此时为磨损的第三阶段。对于这一阶段,由于其时间很短,系统进入这一阶段后很快失效,所以通常不将其考虑在磨损寿命期内[12]。如果用 W_0 表示磨合期的磨损量,磨合期及稳定磨损期的时间分别用 t_0 和 t_1 表示,则耐磨寿命 t 为 t_0 与 t_1 的和,耐磨寿命与磨损量的关系可表示为

$$W = W_0(t_0) + \overline{\omega}t_1 \qquad\qquad (4-8)$$

式中:W 为实际磨损量(可以用质量、体积或深度来表达);$\overline{\omega}$ 为稳定磨损期的平均磨损率。

以上分析是基于磨损基本过程的,关于实际磨损量和磨损时间的关系,有学者开展了专门研究,冯元生等[78]通过较多的试验,进行数据处理,得出磨损量与时间关系主要有 3 种形式:第一种为线性,它适用于绝大多数无润滑或润滑特性一般的情况;第二种为线性与指数形式的组合,它在有磨粒磨损时较易形成,在润滑特性连续恶化到某一阶段后也较易形成;第三种为简单指数曲线,相当于磨损始终在恶化。这 3 种形式中,第三种是属于非正常的工作状态,不符合磨损的基本过程。因为系统工作时,稳定磨损阶段是其功能实现的主要阶段,所以磨合期的磨损量常常忽略不计,这样实际磨损量与时间的关系通常考虑的就是磨损过程中稳定磨损期这一阶段。

对于正常的磨损过程,磨损量与时间是线性关系还是线性与指数的组合关系或者其他的拟合关系,要根据具体的情况来确定。在进行数据处理时,如果从宏观上看为线性关系,则用线性回归的方法拟合直线,如果经过检验拟合,线性函数的效果较差,则可进行分段拟合或简单的指数拟合,当然也可以进行多项式拟合。

表 4-1 所列为钢材料磨损随机过程的试验结果,根据磨损随机过程的试验结果,可计算出不同时间的磨损量均值,磨损量均值随时间变化的关系曲线如图 4-1 所示。由图 4-1 分析可知,该曲线呈现的趋势大致为线性与指数的组合,为了更准确地描述其磨损量与时间的关系,对曲线进行了 3 种情形的拟合,即线性拟合、指数拟合以及线性-指数组合拟合。根据曲线的变化趋势,在磨损时间小于 120min 时,采用直线拟合;磨损时间在 120~180min 时,采用指数拟合,拟合的检验结果如表 4-2 所列。检验结果表明,分段拟合比线性拟合和指

数拟合更合理。

表 4-1　钢材料磨损随机过程的试验结果

组号	时间/min	磨损量/mg	组号	时间/min	磨损量/mg
1	30	5.648	4	120	4.151
		3.229			6.630
		2.957			4.592
		10.877			15.615
		7.735			7.899
		4.304			12.737
2	60	6.055	5	150	13.023
		12.386			5.804
		2.528			14.728
		7.044			7.738
		4.579			4.360
		5.718			18.878
3	90	3.839	6	180	5.731
		11.195			17.723
		3.245			2.821
		12.695			16.298
		5.353			23.070
		9.989			19.055

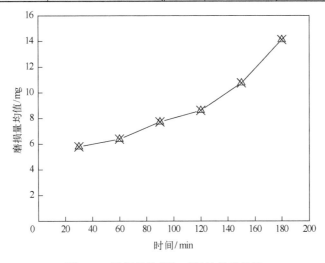

图 4-1　磨损量均值与时间的关系曲线

表 4-2　磨损量均值与磨损时间曲线拟合检验结果

拟　合　形　式	ρ 值
线性	0.935
指数	0.912
组合	0.994,0.998

4.3.2　磨损量的分布

　　零件实际磨损量可看作服从正态分布,但是零件的磨损量受很多因素的影响,如运行速度、表面加工质量、环境温度、环境中的磨粒、润滑特性、载荷、运行路程或运行时间、材料属性等。其中多数只与磨损量的大小或与其时间函数有关,而与磨损量 W 的分布无关。研究发现,与分布有关的因素主要有 3 个:载荷随机变量 p、材料特性随机变量(如硬度 H)和运行路程随机变量 L,并存在式(1-1)所示的函数关系。

　　由于运行路程可以较准确地进行测量,所以变异系数较小,因此可以将其视为常数,则式(1-1)可以改写为

$$W=K\frac{p}{H} \tag{4-9}$$

式中:K 为磨损系数,其值取决于磨损条件、摩擦副的形式和材料等因素。

　　目前,常用的确定方法有经验法、试验法和查阅磨损系数表法。经验法适用于对原设计做出改进的情况,可根据现有的设计及其原型的性能来确定磨损数据,并利用这些已有的数据计算出磨损系数值。当采用新的设计、应用新的材料时,需要根据试验来确定,但试验模拟中,应该尽量保证材料、润滑条件等与实际工况相符。

　　当磨损系数为一个常值时,由式(4-9)所决定的磨损量的分布则由随机变量 p 和 H 所决定。通常认为,当载荷和硬度服从正态分布时,磨损量也是近似服从正态分布的。但实际上,W 与正态分布时的接近性同 p、H 两者的均值与零值的大小有关,同时从概念上也需要进一步探讨 p、H 的分散性增大是否会使 W 的正态分布近似性变差。研究结果表明,当随机变量的均值小而变异系数较大时,随机变量 W 取作正态分布的误差将增大,而且分散性也有所增大[74]。

　　上述研究中的磨损量计算模型与著名的 Archard 模型基本相同,具有一定的代表性,但不适用于所有的情形。当磨损预测模型不同时,需要重新进行检验。如当磨损率 w 由 p_B、p、v、H 四个随机变量共同决定时,根据大数定律,一般情形下可以假设以上 4 个变量服从正态分布,则磨损速度(磨损量)的均值和方差可以计算求得,并且可以进行分布的确定。这两种模型的本质区别在于考虑

影响因素的方式不同。Archard 模型是将润滑剂和滑动速度两个因素都通过磨损系数来体现,这种方式的缺点是当其中的一个因素变化时,磨损系数也相应地变化,这时就需要重新确定磨损系数,这就为模型的应用带来很多不便。而第 3 章中建立的多项式模型是将其都作为独立的变量来考虑,这样就很容易根据参数的分布来确定磨损量的分布。

4.4　磨损的随机、模糊可靠性分析

多数情况下,磨损量都是服从正态分布的随机变量。如果许用磨损量也服从正态分布,则状态变量也为正态分布,此时用可靠性二阶矩理论计算,并通过查表求得失效概率或可靠性。如果由于各影响因素的离散性使得磨损量的正态分布误差增大,或者不能确定实际磨损量是否服从正态分布时,可以应用仿真方法进行计算(如蒙特卡罗方法)。根据磨损过程的特征,也可以应用随机、模糊可靠性方法进行可靠性的预测。

4.4.1　磨损的随机可靠性分析

影响零件摩擦磨损性能的因素都具有随机性,使得磨损率、摩擦系数等也具有随机性。根据磨损基本过程,在系统进入稳定磨损期之前都要经历一个磨合期,但系统不同、工作参数不同时,磨合期的长短以及轨迹都会不同,也就是磨合期的磨损量也具有随机性。通常情况下,对于正常工作的机械系统,主要考核其磨损过程的前两个阶段。摩擦磨损系统在给定时间上的磨损量是一个随机变量,且随着时间的增长,系统的随机性增大,其累积磨损量的分布越来越离散。

假设系统磨合阶段的磨损量为一随机变量并用 W_0 表示,其分布规律为 $f(W_0)$,数学期望为 $\overline{W}_0$。同时,假设平稳磨损阶段的磨损量为 W_1,其分布规律为 $g(W_1)$,数学期望为 $\overline{W}_1$。工作一段时间后,假设系统的实际磨损量为 W,其分布规律为 $h(W)$,则 W 可以表示为

$$W = h(f(W_0) + g(W_1))\qquad(4-10)$$

如果用磨损率 $w(t)$ 表示其磨损规律性,则有

$$W = \int_0^{t_0} w_0(t)\,\mathrm{d}t + \int_0^{t_1} w_1(t)\,\mathrm{d}t\qquad(4-11)$$

式中:t_0 为磨合期时间,一般为一个随机变量。

如果用 $W_{\max}$ 表示系统的许用磨损量,则系统的可靠度为

$$R(W_{\max}\,|t) = P(W < W_{\max})\qquad(4-12)$$

式中:W 为经历总磨损时间 t 后的实际磨损量。

其磨损失效概率为

$$F(W_{max} | t) = \int_{W_{max}}^{\infty} h_t(W) \, \mathrm{d}W \tag{4-13}$$

可靠度为

$$R(W_{max} | t) = 1 - F(W_{max} | t) = 1 - \int_{W_{max}}^{\infty} h_t(W) \, \mathrm{d}W = \int_{-\infty}^{W_{max}} h_t(W) \, \mathrm{d}W \tag{4-14}$$

如果实际磨损量服从参数为 $(\overline{W}, \sigma_W)$ 的正态分布,则可靠度还可以表示为

$$R(W_{max} | t) = \int_{-\infty}^{u} f(z) \, \mathrm{d}z \tag{4-15}$$

式中: $u = \dfrac{\overline{W} - W_{max}}{\sigma_W}$。

按 u 值查标准正态表,可得出相应的零件可靠度。

在实际工程中,许用磨损量 W_{max} 一般也为随机变量,设其分布规律为 $f(W_{max})$,数学期望为 $\overline{W}_{max}$,标准差为 σ_{max}。如果许用磨损量服从正态分布,则其概率密度函数可以表示为

$$f_t(W_{max}) = \frac{1}{\sigma_{max}\sqrt{2\pi}} \mathrm{e}^{-\frac{1}{2}\left(\frac{W_{max} - \overline{W}_{max}}{\sigma_{max}}\right)^2} \tag{4-16}$$

当影响磨损量的参数满足一定条件时,可以认为实际磨损量也是正态分布的,则其概率密度函数为

$$f_t(W) = \frac{1}{\sigma_W\sqrt{2\pi}} \mathrm{e}^{-\frac{1}{2}\left(\frac{W - \overline{W}}{\sigma_W}\right)^2} \tag{4-17}$$

图 4-2 为工作到一定时间 t 时,实际磨损量的分布曲线以及由许用磨损量和实际磨损量决定的磨损可靠度的范围。由图 4-2 可知,工作到规定时间 t 时,实际磨损量概率密度函数 $f_t(W)$ 小于许用磨损量概率密度函数 $f_t(W_{max})$ 的范围为安全工作区域,当二者均服从正态分布时,可靠度为

$$R_t = P_t(W(t) < W_{max}(t)) = P(W - W_{max} < 0) \tag{4-18}$$

或

$$R_t = \int_{-\infty}^{0} f_t(W - W_{max}) \, \mathrm{d}(W - W_{max}) \tag{4-19}$$

如果实际磨损量及许用磨损量为其他类型的分布,则其可靠度可表示为

$$P_S = F(W - W_{max}) = \int_{-\infty}^{+\infty} \left[\int_{-\infty}^{W_{max}} f(W) \, \mathrm{d}W \right] h(W_{max}) \, \mathrm{d}W_{max} \tag{4-20}$$

若许用磨损量 W_{max} 及可靠度 $R(t)$ 均已给定,需要确定零件的耐磨寿命 t,则可以根据给定的 $R(t)$,按标准正态分布表查出相应的 u 值,然后按 $u = (\overline{W} - W_{max})/\sigma_W$ 和 W_{max} 来确定 $(\overline{W}, \sigma_W)$,再根据已经确定的磨损量与时间寿命的关系求得零件的耐磨寿命 t。但是 $\overline{W}$、σ_W 均为未知变量,不能求解,可以将

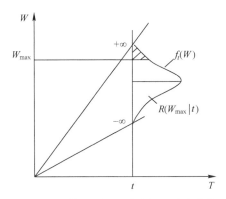

图 4-2　工作到时间 t 时磨损量分布曲线

$u = (\overline{W} - W_{max})/\sigma_W$ 改写为

$$u = \frac{\dfrac{W_{max}}{\overline{W}} - 1}{\dfrac{\sigma_W}{\overline{W}}} \qquad (4-21)$$

则

$$\overline{W} = \frac{W_{max}}{1 + u c_W} \qquad (4-22)$$

式中：$c_W = \sigma_W / \overline{W}$ 为磨损量的变异系数。

4.4.2　磨损的模糊可靠性分析

将被讨论的对象全体称为论域，用 U 表示，则在普通集合中，对于论域 U 中任意一个子集 A，论域 U 中的某一元素是否属于集合 A 是明确的，可以用特征函数来表征，是一种"非此即彼"的现象。然而，在一些子集中，元素是否属于集合 A 却不能明确回答，只能说它属于集合 A 的程度，这个程度称为隶属度，相应的函数称为隶属函数。这就引入了模糊集合的概念。

设给定论域 U，U 到 $(0,1)$ 闭区间上任意映射 μ_A 都确定 U 上的一个模糊子集 $\underset{\sim}{A}$，$\mu_{\underset{\sim}{A}}$ 称为 A 的隶属度，$\mu_{\underset{\sim}{A}}(x)$ 称为 $\underset{\sim}{A}$ 的隶属函数。模糊事件是指在论域 U 上，如果模糊子集 $\underset{\sim}{A}$ 是一个随机变量，则 $\underset{\sim}{A}$ 称为模糊事件。若 X 是离散型随机变量，其可能取值为 $x_i(i = 1, 2, \cdots)$，则模糊事件 $\underset{\sim}{A}$ 的概率为

$$P(\underset{\sim}{A}) = \sum_{i=1}^{\infty} \mu_{\underset{\sim}{A}}(x_i) p_i \qquad (4-23)$$

式中：$\mu_{\underset{\sim}{A}}(x_i)$ 为 x_i 对 A 的隶属度；p_i 为随机变量 X 取值 x_i 的概率。

若 X 是连续型随机变量，$f(x)$ 是其概率密度函数，则模糊事件的概率为

$$P(\underset{\sim}{A}) = \int_{-\infty}^{+\infty} \mu_{\underset{\sim}{A}}(x) f(x) \, \mathrm{d}x \tag{4-24}$$

式中：$\mu_{\underset{\sim}{A}}(x)$ 为 A 的隶属函数。

隶属函数在模糊数学理论中占有十分重要的地位，隶属函数的确定是模糊数学及其应用的基本和关键问题。虽然模糊数学研究对象的特点具有模糊性和经验性，使得隶属函数在确定上具有主观性和经验性，但它的确定也要遵循相应的原则，同时要深刻了解所研究问题的基本内容，弄清产生模糊性的客观原因，寻找出能够表示所研究对象的客观规律性，核实所收集到的规律内容的全面性和可靠性。

隶属函数的理论分布有很多种，在机械系统的可靠性设计中遇到的如许用磨损量、许用变形量等，应采用戒上型的隶属函数，如降半矩形、降半梯形、降半正态、降半 Γ、降半柯西等隶属函数，其中较为常用的是降半矩形、降半梯形、降半正态隶属函数。

降半矩形隶属函数为

$$\mu_{\underset{\sim}{A}}(x) = \begin{cases} 1, & x \leqslant a \\ 0, & x > a \end{cases} \tag{4-25}$$

降半梯形隶属函数为

$$\mu_{\underset{\sim}{A}}(x) = \begin{cases} 1, & x \leqslant a_1 \\ \dfrac{a_2 - x}{a_2 - a_1}, & a_1 < x \leqslant a_2 \\ 0, & x > a_2 \end{cases} \tag{4-26}$$

降半正态隶属函数为

$$\mu_{\underset{\sim}{A}}(x) = \begin{cases} 1, & x \leqslant a \\ \mathrm{e}^{-k(x-a)^2}, & x > a \end{cases} \tag{4-27}$$

式中：a、k 为分布参数，一般由专家根据经验给出。

各隶属函数的图形分别如图 4-3 所示。

磨损是摩擦时零件表层材料不断损失的过程，当磨损值超过了许用磨损量时，零件进入失效状态，但零件从正常状态到失效状态是一个逐渐过渡的过程，因此磨损失效判断准则具有模糊性。在磨损可靠性计算中，取 $W = W_{max}$ 为磨损失效的临界点，这种约束是刚性的，按照这种约束，当磨损量非常接近于 W_{max} 但小于 W_{max} 时，可靠度为 1，而一旦大于 W_{max}，可靠度就变为 0。很显然这种刚性约束不符合磨损失效的实际规律，拓广的方法就是将实际磨损量作为随机变量，而将确定失效状态的判据作为模糊许用磨损量。这样模糊许用磨损量这个

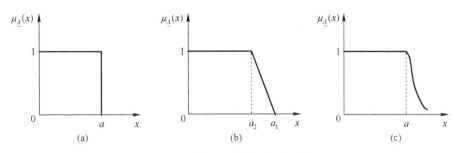

图 4-3　常用的降半型隶属函数

（a）降半矩形；（b）降半梯形；（c）降半正态。

术语就是一个模糊事件,因为磨损是一种渐变失效行为,所以当许用磨损量为 W_{max} 时,实际磨损量 W 在区间 $(W_{max}-\delta, W_{max}+\delta)$（$\delta$ 是相对于 W_{max} 的一个小数）内取值,磨损的状态并无实质的差别,不能明确地判断是安全状态还是失效状态,而只能判别其在某种程度上是属于安全或失效。这种情形下确定的零件磨损可靠度称为模糊可靠度。

若计算零件的模糊可靠度,应该先选取合适的隶属函数。假设 S 为磨损的状态空间 V 上的安全模糊子集,当用正态隶属函数表征状态变量 W 对 S 的隶属度时,可表示为

$$\mu_{\underset{\sim}{S}}(W) = \begin{cases} \exp\left[-\left(\dfrac{(W-a)}{k}\right)^2\right], & W \leqslant a \\ 1, & W > a \end{cases} \tag{4-28}$$

相应地,其失效模糊子集 f 可以表示为

$$\mu_{\underset{\sim}{f}}(W) = 1 - \mu_{\underset{\sim}{S}}(W) \begin{cases} 1 - \exp\left[-\left(\dfrac{(W-a)}{k}\right)^2\right], & W \leqslant a \\ 1, & W > a \end{cases} \tag{4-29}$$

由模糊概率计算公式可知模糊可靠度为

$$R = \int_{-\infty}^{+\infty} \mu_{\underset{\sim}{S}}(W) f(W)\, \mathrm{d}W \tag{4-30}$$

当实际磨损量的分布参数为 $(\overline{W}, \sigma_W)$ 时,将式（4-28）代入式（4-30）,可得

$$R = \Phi\left(\frac{a-\overline{W}}{\sigma_W}\right) + \frac{k}{\sqrt{2\sigma_W^2+k^2}} \exp\left[-\frac{(a-\overline{W})^2}{2\sigma_W^2+k^2}\right]\left[1-\Phi(B)\right] \tag{4-31}$$

式中：$B = \dfrac{\sqrt{2\sigma_W^2+k^2}}{k\sigma_W}\left(a - \dfrac{2a\sigma_W^2+k^2\overline{W}}{2\sigma_W^2+k^2}\right)$。

利用式（4-31）计算时,常数 k 可取为许用磨损量 W_{max} 的标准差 σ_{max},对于

滑动轴承磨损可靠性的计算,常数 a 可采用经验公式计算:

$$a = \overline{W}_{max} - \frac{k}{1.2} \tag{4-32}$$

齿轮传动及其他情形下的常数 a 可根据工作条件在 $\overline{W}_{max} - 3\sigma_{max}$ 下限附近取不同的值。

若设磨损状态变量为 W_z,则 W_z 可表示为许用磨损量 W_{max} 与实际磨损量 W 之差,即

$$W_z = W_{max} - W \tag{4-33}$$

则状态变量的失效模糊子集为

$$
\begin{aligned}
\mu_{\underset{\sim}{f}}(W_z) &= 1 - \mu_{\underset{\sim}{S}}(W_z) \\
&= \begin{cases} 1 - \exp\left[-\left(\dfrac{(W_z - a)}{k}\right)^2\right], & W_z \leqslant a \\ 1, & W_z > a \end{cases}
\end{aligned} \tag{4-34}
$$

如果许用磨损量 W_{max} 及实际磨损量 W 都服从正态分布,则状态变量 W_z 服从参数($\overline{W}_z = \overline{W}_{max} - \overline{W}$, $\sigma_{W_z}^2 = \sigma_{max}^2 - \sigma_W^2$)的正态分布,则失效概率为

$$
\begin{aligned}
P_{\underset{\sim}{f}} &= \int_{-\infty}^{a} \mu_{\underset{\sim}{S}}(W) f(W) \mathrm{d}W \\
&= \int_{-\infty}^{a} \left\{1 - \exp\left[-\left(\frac{W - a}{k}\right)^2\right]\right\} (\sqrt{2\pi}\sigma_{W_z})^{-1} \exp\left[-\frac{(W - \overline{W}_z)^2}{2\sigma_{W_z}^2}\right] \mathrm{d}W
\end{aligned} \tag{4-35}
$$

需要指出的是,在利用式(4-31)计算时,常数 k 和 a 的取值与式(4-35)中的不同,因为这时的失效状态判据为模糊状态变量,因此其中两个常数的取值应该按照上面的原则参考状态变量的分布进行确定。

4.5　磨损可靠性计算示例

应用磨损的随机、模糊可靠性分析技术进行预测时,需要解决以下几个关键问题:①建立磨损量与其影响因素的关系;②确定一定工作寿命下的累积磨损量的分布;③选择合适的隶属函数并确定其常数的值。计算一定工作寿命下的可靠度以及一定可靠度下的工作寿命。

4.5.1　一定工作寿命下的可靠度计算

在计算磨损可靠度时,应该首先确定其许用磨损量。许用磨损量可以通过使用经验、试验结果与计算分析确定,在具体工作中,随着材料表面逐渐被磨损,可以通过润滑剂中的铁元素的含量等方式来判断其是否失效。由于受到很

多随机因素的影响,许用磨损量 W_{max} 一般为一个随机变量。建立起磨损预测模型后,当给定许用磨损量以及各个参数的分布时,即可计算出在一定磨损寿命下的零件的可靠度。

为了不失一般性,假设磨损预测模型中的影响因素都为正态变量。根据试验结果所得磨损预测模型公式(3.29),设 $p_B \sim N(\mu_{p_B}, \sigma_{p_B}^2)$、$H \sim N(\mu_H, \sigma_H^2)$、$p \sim N(\mu_p, \sigma_p^2)$、$v \sim N(\mu_v, \sigma_v^2)$,而且各变量相互独立,则磨损率 w 的均值和标准差分别为

$$
\begin{aligned}
\mu_w = & 33.810811 - 1.591072\mu_{p_B} + 0.969656\mu_H - 0.262625\mu_p + 1.024465\mu_v + \\
& 0.017868\mu_{p_B}^2 - 0.018111\mu_H^2 + 0.000808\mu_p^2 - 0.001765\mu_v^2 - \\
& 0.011882\mu_{p_B}\mu_H + 0.001313\mu_{p_B}\mu_p - 0.003552\mu_{p_B}\mu_v - \\
& 0.002297\mu_H\mu_p - 0.002001\mu_H\mu_v - 0.00055\mu_p\mu_v
\end{aligned} \tag{4-36}
$$

$$
\begin{aligned}
\sigma_w = & 1.591072\sigma_{p_B} + 0.969656\sigma_H - 0.262625\sigma_p + 1.024465\sigma_v + \\
& 0.017868\sqrt{2}\mu_{p_B}\sigma_{p_B} - 0.018111\sqrt{2}\mu_H\sigma_H + 0.000808\sqrt{2}\mu_p\sigma_p - \\
& 0.001765\sqrt{2}\mu_v\sigma_v - 0.011882\sqrt{(\mu_{p_B}^2\sigma_H^2 + \mu_H^2\sigma_{p_B}^2)} + \\
& 0.001313\sqrt{(\mu_{p_B}^2\sigma_p^2 + \mu_p^2\sigma_{p_B}^2)} - 0.003552\sqrt{(\mu_{p_B}^2\sigma_v^2 + \mu_v^2\sigma_{p_B}^2)} - \\
& 0.002297\sqrt{(\mu_H^2\sigma_p^2 + \mu_p^2\sigma_H^2)} - 0.002001\sqrt{(\mu_H^2\sigma_v^2 + \mu_v^2\sigma_H^2)} - \\
& 0.00055\sqrt{(\mu_p^2\sigma_v^2 + \mu_v^2\sigma_p^2)}
\end{aligned} \tag{4-37}
$$

如果磨损率同样服从正态分布,当磨损量与时间为线性关系时,则可以直接计算出一定可靠寿命 t 下磨损量的分布。假设数学期望为 $\overline{W}$,标准差为 σ_w,则状态变量 W_z 的分布参数为 $(\overline{W}_{max} - \overline{W}, \sigma_{max}^2 + \sigma_w^2)$。给定4个参数及许用磨损量分布参数时,可以计算出在不同的工作时间下磨损的可靠度。假设许用磨损量服从正态分布,分布参数为 $\overline{W}_{max} = 2000\text{mg}$,$\sigma_{W_{max}} = 140\text{mg}$,隶属函数取值分别为 $k = \sigma_{W_{max}} = 140\text{mg}$,$a = \overline{W}_{max} - 3\sigma_{max} = 1580\text{mg}$,在几组不同工作参数下,不同工作寿命时的可靠度如表4-3所列。

表4-3 不同工作寿命时的可靠度

参数分布								可靠度			
μ_{p_B}	σ_{p_B}	μ_H	σ_H	μ_p	σ_p	μ_v	σ_v	$t=50\text{h}$	$t=60\text{h}$	$t=70\text{h}$	$t=80\text{h}$
40	4.2	39	3.4	330	30	210	20	0.5688	0.3264	0.1810	0.1070
63	5.8	34	4.5	240	25	140	13	0.7195	0.5857	0.4825	0.4020
57	5	45	6	270	26	180	16	0.9999	0.9999	0.9993	0.9939

在给定润滑剂性能(p_B)、材料表面硬度(H)、载荷(p)、滑动速度(v)及许用磨损量 W_{max} 分布类型及分布参数情况下,t 时刻磨损量 W 为 p_B、H、p、v 4 个变量分布参数的函数,进而,材料或零件磨损可靠度 R_t 可视为及各变量分布参数的函数,即

$$R_t(\boldsymbol{\theta}) = P(W(t) < W_{max}) \tag{4-38}$$

式中:$\boldsymbol{\theta} = [\theta_1, \theta_2, \cdots, \theta_m]^T$ 为 p_B、H、p、v、W_{max} 分布参数,m 为参数个数。

当磨损量 W 及许用磨损量 W_{max} 均服从正态分布时,由式(4-19)可知,磨损可靠度可表示为

$$R_t(\boldsymbol{\theta}) = \int_{-\infty}^{0} f_t(W - W_{max}) \mathrm{d}(W - W_{max})$$

$$= \Phi\left(\frac{\overline{W}_{max} - \overline{W}}{\sqrt{\sigma_W^2 + \sigma_{W_{max}}^2}}\right) \tag{4-39}$$

式中:$\Phi(\cdot)$ 为标准正态分布函数;$\overline{W}_{max}$ 和 $\overline{W}$ 分别为 W_{max} 和 W 的均值;$\sigma_{W_{max}}^2$ 和 σ_W^2 分别为 W_{max} 和 W 的方差。

此时,磨损可靠度 R_t 对 $\boldsymbol{\theta}$ 中各分量的灵敏度为

$$r_{t,i} = \frac{\partial R_t(\boldsymbol{\theta})}{\partial \theta_i}$$

$$= \frac{1}{\sqrt{\sigma_W^2 + \sigma_{W_{max}}^2}} f\left(\frac{\overline{W}_{max} - \overline{W}}{\sqrt{\sigma_W^2 + \sigma_{W_{max}}^2}}\right) \left[\frac{\partial \overline{W}_{max}}{\partial \theta_i} - \frac{\partial \overline{W}}{\partial \theta_i} - \frac{\overline{W}_{max} - \overline{W}}{\sigma_W^2 + \sigma_{W_{max}}^2}\left(\frac{\sigma_W \partial \sigma_W}{\partial \theta_i} + \frac{\sigma_{W_{max}} \partial \sigma_{W_{max}}}{\partial \theta_i}\right)\right]$$

$$\tag{4-40}$$

式中:$i = 1, 2, \cdots, m$。

当 p_B、H、p、v、W_{max} 服从正态分布时,向量 $\boldsymbol{\theta}$ 中包含各随机变量均值及标准差信息:

$$\boldsymbol{\theta} = [\mu_{p_B}, \mu_H, \mu_p, \mu_v, \sigma_{p_B}, \sigma_H, \sigma_p, \sigma_v]^T \tag{4-41}$$

根据式(4-40)可分别计算出 $t = 50h$、$60h$、$70h$ 时磨损可靠度 R 对 $\boldsymbol{\theta}$ 中各参数的灵敏度,如表4-4~表4-6所列。

表 4-4　$t = 50h$ 时可靠度对各参数的灵敏度

	参 数 分 布								可靠度
	μ_{p_B}	σ_{p_B}	μ_H	σ_H	μ_p	σ_p	μ_v	σ_v	
灵敏度	40	4.2	39	3.4	330	30	210	20	0.7865
	0.0266	-0.0480	0.0668	0.0260	-0.0043	-0.0003	0.0055	-0.0500	

表 4-5 $t=60\text{h}$ 时可靠度对各参数的灵敏度

	参数分布								可靠度
	μ_{p_B}	σ_{p_B}	μ_H	σ_H	μ_p	σ_p	μ_v	σ_v	
灵敏度	63	5.8	34	4.5	240	25	140	13	0.7019
	-0.0028	-0.0320	0.0436	0.0015	-0.0014	-0.0005	-0.0016	-0.0045	

表 4-6 $t=70\text{h}$ 时可靠度对各参数的灵敏度

	参数分布								可靠度
	μ_{p_B}	σ_{p_B}	μ_H	σ_H	μ_p	σ_p	μ_v	σ_v	
灵敏度	57	5	45	6	270	26	180	16	0.9992
	0.0002	-0.0020	0.0008	0.0002	-0.0001	0.001	0.0001	-0.0005	

4.5.2   一定可靠度下的工作寿命预测

对于服从正态分布的随机变量来说,当确定了均值和方差之后,其分布规律也就确定了。于是磨损率 w 的概率密度可以表示为

$$\Phi(\omega)=\frac{1}{\sqrt{2\pi}\,\sigma_w}\exp\left(-\frac{\omega-\overline{\omega}}{2\sigma_w^2}\right) \qquad (4\text{-}42)$$

式中: $\overline{\omega}$ 为由 p_B、H、p、v 等参数决定的具体函数。

如果用 w_{max} 表示磨损率的极限值,则磨损率的分布函数为

$$F(\omega)=\frac{1}{\sqrt{2\pi}\,\sigma_w}\int_{-\infty}^{\omega_{max}}\exp\left(-\frac{w-\overline{w}}{2\sigma_w^2}\right)\mathrm{d}w \qquad (4\text{-}43)$$

令

$$\varphi=\frac{w-\overline{w}}{\sigma_w} \qquad (4\text{-}44)$$

则

$$\varphi_{max}=\frac{w_{max}-\overline{w}}{\sigma_w} \qquad (4\text{-}45)$$

式(4-43)可改写为

$$F_0(\varphi_{max})=\Phi_0\left(\frac{w_{max}-\overline{w}}{\sigma_w}\right)=\frac{1}{\sqrt{2\pi}}\int_{-\infty}^{\varphi_{max}}\mathrm{e}^{-\frac{\varphi^2}{2}}\mathrm{d}\varphi \qquad (4\text{-}46)$$

若已知 $F_0(\varphi_{max})=P_S$,则由式(4-45)可求得 w_{max} 的值。

在 p_B、H、p、v 给定时,磨损量的概率预测表达式为

$$\begin{cases}F_0(\varphi_{max})=P_S \\ w_{max}=\varphi_{max}\sigma_w+\overline{w}\end{cases} \qquad (4\text{-}47)$$

即在给定 P_S 的情况下,按正态分布分位表查出 φ_{max} 的值,再由式(4-47)确定 w_{max},根据给定的许用磨损量,可以计算工作寿命。表 4-7 所列为在不同可靠度下的磨损寿命预测结果。以上的计算是基于以下两个假设:磨损量服从正态分布以及磨损量与时间为线性关系。在其他情形下,则需要进行变换或采用其他的方法进行确定。

表 4-7　不同可靠度下的磨损寿命预测结果

参 数 分 布								耐磨损寿命/h			
μ_{p_B}	σ_{p_B}	μ_H	σ_H	μ_p	σ_p	μ_v	σ_v	$R=0.95$	$R=0.85$	$R=0.75$	$R=0.65$
40	4.2	39	3.4	330	30	210	20	42.2.4	44.35	53.53	55.54
63	5.8	34	4.5	240	25	140	13	39.77	44.03	59.87	64.25
57	5	45	6	270	26	180	16	126.87	140.45	222.37	247.56

第 5 章

磨损的随机过程分析及基本模型

5.1　概　　述

随机性是摩擦学系统的三大特性之一。摩擦学系统是一个具有统计确定性的系统,发生在摩擦学环境下的摩擦磨损行为属于摩擦学随机系统行为。1987 年,英国学者 Wallbridge 和 Dowson[51]把磨损看成一个随机过程,引用概率与数理统计学原理,分析了部分金属材料磨损参数的统计分布规律,这为磨损随机过程的研究奠定了基础。大量摩擦学行为研究也表明:摩擦系数、摩擦温度、磨损率和表面形貌参数等输出量都表现出稳定或非稳定的随机性。而随机性的产生主要源于系统具有随机的初始条件(如材料属性、表面形貌等)、随机的系统参数和随机的外界条件等。因此,用随机过程来描述磨损过程,能更好地反映磨损过程实际状况。

5.2　与磨损过程相关的随机过程

5.2.1　平稳随机过程与白噪声过程

随机过程按统计特性可以分为平稳随机过程和非平稳随机过程[152-153]。平稳随机过程是一类极为重要的随机过程,也是很基本的一类随机过程,工程领域中所遇到的过程有很多可以认为是平稳的。它的特点是过程的统计特性不随时间的平移而变化,即如果对于时间 t 的任意 n 个数值 t_1, t_2,$\cdots$,t_n 和任意实数 ε,随机过程 $X(t)$ 的 n 维分布函数满足:

$$F_n(x_1,x_2,\cdots,x_n;t_1,t_2,\cdots,t_n)=F_n(x_1,x_2,\cdots,x_n;t_1+\varepsilon,t_2+\varepsilon,\cdots,t_n+\varepsilon),$$
$$n=1,2,\cdots \tag{5-1}$$

则称 $X(t)$ 为平稳随机过程。当把 $X(t)$ 应用于一维概率密度函数并令 $\varepsilon=-t_1$

时,有

$$E[X(t)] = \int_{-\infty}^{+\infty} x_1 f_1(x_1) \mathrm{d}x_1 \tag{5-2}$$

而 $X(t)$ 的均值和方差分别为 μ_X 和 σ_X^2,均为常数。同样把 $X(t)$ 应用于二维概率密度函数,并令 $\tau = t_2 - t_1$ 时,有

$$E[X(t)] = \mu_X \tag{5-3}$$

$$R_X(\tau) = E[X(t) + X(t+\tau)] = \int_{-\infty}^{+\infty}\int_{-\infty}^{+\infty} x_1 x_2 f_2(x_1, x_2; \tau) \mathrm{d}x_1 \mathrm{d}x_2 \tag{5-4}$$

所以得出平稳随机过程的数字特征是:均值为常数,自相关函数为单变量($\tau = t_2 - t_1$)的函数。通常情况下,根据概率密度函数族来判断平稳过程十分困难,所以工程上常根据广义平稳过程的特征来进行判断[154]。

给定随机过程 $X(t)$,如果 $E[X(t)]$ 为常数,且 $E[X^2(t)] < +\infty$、$E[X(t) + X(t+\tau)] = R_X(\tau)$,则称 $X(t)$ 为广义平稳随机过程。平稳过程 $\{X(t), t \in T\}$ 的相关函数 $R_X(\tau)$ 是在时间域上描述过程的统计特性,根据随机过程理论,为了在频率域上描述平稳过程的统计特性,需要引进谱密度的概念。而根据平稳过程功率谱密度的性质,谱密度 $S_X(\omega)$ 和自相关函数 $R_X(\tau)$ 是一个傅里叶变换对,即

$$S_X(\omega) = \int_{-\infty}^{+\infty} S_X(\omega) \mathrm{e}^{\mathrm{j}\omega t} \mathrm{d}\omega \tag{5-5}$$

$$R_X(\tau) = \frac{1}{2\pi} \int_{-\infty}^{+\infty} S_X(\omega) \mathrm{e}^{\mathrm{j}\omega t} \mathrm{d}\omega \tag{5-6}$$

若一个均值为零的平稳过程 $\{W(t), t \geq 0\}$ 具有恒定功率谱密度,即

$$S_X(\omega) = \frac{\sigma^2}{2}, \quad \omega \in \{-\infty, +\infty\} \tag{5-7}$$

则称 $W(t)$ 为白噪声过程。其中,σ^2 为单边功率谱密度。

根据维纳-辛钦公式[73],不难求出白噪声的自相关函数为

$$R_X(\tau) = \frac{1}{2\pi} \int_{-\infty}^{+\infty} S_X(\omega) \mathrm{e}^{\mathrm{j}\omega t} \mathrm{d}\omega = \frac{1}{2\pi} \int_{-\infty}^{+\infty} \frac{\sigma^2}{2} \mathrm{e}^{\mathrm{j}\omega t} \mathrm{d}\omega = \frac{\sigma^2}{2} \delta(\tau) \tag{5-8}$$

式中:$\delta(\tau)$ 为狄拉克(δ)函数。

由于白噪声是 δ 函数,因此,又称为 δ 过程或称为不相关过程。

白噪声的相关系数为

$$r(\tau) = \frac{R(\tau) - R(\infty)}{R(0) - R(\infty)} = \frac{R(\tau)}{R(0)} = \begin{cases} 1, & \tau = 0 \\ 0, & \tau \neq 0 \end{cases} \tag{5-9}$$

由此可知,白噪声在任意两个无论多么近的相邻时刻的取值都是不相关的。

白噪声的谱密度 $S_X(\omega)$ 和自相关函数 $R_X(\tau)$ 的特征见图 5-1。因此,白噪声过程是一类特殊的平稳过程。因为白噪声是从过程的功率谱密度角度来定义的,并未涉及过程的概率密度函数。因此,可以有不同分布规律的白噪声,如高斯分布的白噪声、瑞利分布的白噪声以及矢量白噪声等。当从高斯分布中随机获取采样值时,采样点所组成的随机过程就是"高斯白噪声"。

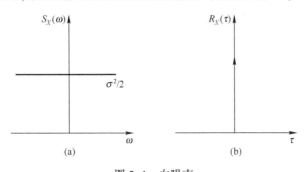

图 5-1　白噪声
(a) 谱密度; (b) 自相关函数。

5.2.2　高斯随机过程

随机过程按照概率分布特征分类时,有一类随机过程称为高斯随机过程(即正态随机过程),高斯随机过程是一类极为重要的随机过程,也是最常见、最易处理的随机过程。根据中心极限定理,凡是大量独立的、均匀微小的随机变量的总和都近似服从高斯分布,随机过程情况也是如此[155-158]。高斯过程的特点在于能够得到易于处理的解。因此在某些情况下常直接采用高斯假设。

设 $X(t)$($t \in T$) 是一随机过程,若对于任意正整数 n 和 $t_1, t_2, \cdots, t_n \in T$,$(X_{t_1}, X_{t_2}, \cdots, X_{t_n})$ 是 n 维正态随机变量,则称 $X(t)$($t \in T$) 为正态过程。结合平稳过程的特性,设 $X(t)$($t \in T$) 是正态过程,如果 $E[X(t)] = \mu_X$,而且 $R_X(s, s+\tau) = R_X(\tau)$,则 $X(t)$($t \in T$) 是一平稳正态过程。高斯随机过程 $X(t)$ 的概率密度函数常用矩阵形式表示为

$$p_X(X) = \frac{1}{(2\pi)^{n/2}} e^{-\frac{1}{2}(X-a)^{\mathrm{T}} C^{-1}(X-a)} \tag{5-10}$$

式中:$\boldsymbol{X} = [x(t_1), x(t_2), \cdots, x(t_n)]^{\mathrm{T}}$; $\boldsymbol{a} = [a(t_1), a(t_2), \cdots, a(t_n)]^{\mathrm{T}}$; $a(t_i) = E[X(t_i)]$; $\boldsymbol{C} = \begin{bmatrix} C_{11} & C_{12} & \cdots & C_{1n} \\ C_{21} & C_{22} & \cdots & C_{2n} \\ \vdots & \vdots & & \vdots \\ C_{n1} & C_{n2} & \cdots & C_{nn} \end{bmatrix}$ 为子协方差矩阵,其元素为 $C_{ih} = E\{[X(t_i) -$

$a(t_i)][X(t_h)-a(t_h)]\} = R_X(t_i,t_h)-a(t_i)a(t_h)$。

磨损过程中累积磨损量由两部分构成,磨合期磨损量是一个随机变量,稳定磨损期每一固定时刻的磨损量也是一个随机变量。通常情况下,磨损量的分布都为正态分布,由此可见,磨损过程从累积磨损量的角度进行分析时,首先为一个高斯随机过程,其概率密度函数由磨合阶段的正态随机变量和平稳磨损阶段的高斯随机过程的概率密度函数共同决定。根据随机过程的基本理论,对于高斯过程,两个主要的数字特征是其均值和自相关函数。因此,建立磨损高斯随机过程模型时,除了建立其概率密度函数外,同时要关注以上两个数字特征。

5.2.3 维纳过程

维纳过程是具有平稳增量的高斯过程,其方差随时间线性增长。同时,维纳过程又是一个独立增量过程。独立增量过程的特点是在任意时间间隔上过程状态的改变并不影响未来任意时间间隔上状态的改变。

设随机过程 $X(t)(t \geq 0)$,当 $0 \leq t_1 < t_2$ 时,记 $X(t_2)-X(t_1)=X(t_1,t_2)$,它是一个随机变量,称为 $X(t)$ 在时间间隔 $[t_1,t_2]$ 上的增量。如果对于时间 t 的任意 n 个值 $0 \leq t_1 < t_2 < \cdots < t_n$,增量 $X(t_1,t_2),X(t_2,t_3),\cdots,X(t_{n-1},t_n)$ 是相互独立的,则称 $X(t)$ 为独立增量过程。因此,如果一个随机过程 $W_0(t)(t \in [0,+\infty))$ 满足以下 3 个条件,则为一个规范化维纳过程。

(1) $W_0(t)$ 是一个独立增量的过程,且对任意的 $t_1,t_2 \in [0,+\infty)$,$t_1 < t_2$,$h > 0$,增量 $W_0(t_2+h)-W_0(t_1+h)$ 具有相同的分布密度函数。

(2) 对于任意的 $t \in [0,+\infty)$,增量 $W_0(t_2)-W_0(t_1)$ 具有高斯分布密度函数:

$$p_{W_0(t_2)-W_0(t_1)}(x) = \frac{1}{\sqrt{2\pi(t_2-t_1)}} e^{-\frac{1}{2}\frac{x^2}{t_2-t_1}}, \quad -\infty < x < +\infty \tag{5-11}$$

(3) $P[W_0(0)=0]=1$。

由以上 3 个条件可知,对于每个 $t>0$,规范化维纳过程 $W_0(t):N(0,\sigma^2 t)$,即标准维纳过程的参数为 σ^2,同时,若有 $t>s$,则有 $W_0(t)-W_0(s):N(0,(t-s)\sigma^2)$。因此,如果存在 $W(t)=mt+\sigma W_0(t)$,则有

$$E[W(t)]=mt \tag{5-12}$$

和

$$D[W(t)]=E\{[W(t)-mt]^2\}=\sigma^2 t \tag{5-13}$$

式中:m、σ^2 为常数,其中,m 为偏移系数,σ^2 为过程强度。

5.3　磨损的随机过程分析及其基本模型

5.3.1　磨损的随机过程分析

摩擦学的元素特性是时间依赖的[33]。与零件材料相比,构成摩擦副的任何元素的材料承受更为严酷的载荷,在非常小的尺度范围内传递与构件整体所传递的载荷相同,载荷密度极大。传递是在异构表面间实现,不同于在材料内部传递。存在相对运动,加剧了载荷的作用,而相对运动的高温则从物理和化学方面推动了变化的过程。这种表面间相对运动和相互作用引起的变化,其速度远远超过构件中其他行为导致的变化。因此摩擦学系统在其生命周期中的不同阶段会有不同的时变速度,而系统不同以及工作条件和摩擦副材料不同时,其变化的规律性可能会有所不同。

磨损过程具有典型的动力过程特征,摩擦学系统随时间不断演化,造成系统呈现出相同或不同的状态[50]。磨合阶段是一个初始的表面形貌接触产生的磨损逐渐适应匹配的过程,并最终形成互适表面,接触面积达到最大化。磨合是一个非常复杂的过程,不同的初始状态,表面形貌磨合的变化轨迹会不同。磨合磨损过程是一个典型的自组织过程,在这个过程中,摩擦表面的形貌不断修正调整,以适应偶件表面作用和外界载荷,是一个试探、学习、适应和修正的过程。对于不同的初始状态,磨合系统的表面形貌会出现许多不稳定的变化周期轨迹,但最终表面将趋于互适状态,达到互适状态的表面形貌是一种磨合吸引子,它取决于载荷和接触面积等条件,滑动速度和润滑状态将影响磨合过程的变化轨迹。磨合磨损过程的分析,主要集中在该过程的磨损量和时间的分布特征。对于磨合过程的判断,则根据试验过程中摩擦系数和摩擦温度的变化特征进行。干摩擦以及表面加工精度不高的零件,因为磨合磨损阶段属于异常磨损阶段,该阶段磨损量的大小对于系统安全性也具有重要作用,所以需要统计磨合磨损阶段的磨损量以及磨损时间。而对于有润滑以及表面精度较高的情形,磨合阶段的磨损量较小,可以忽略不计。

当工作条件一定时,摩擦副材料以及表面粗糙度等相同时,磨合阶段的磨损量应该为具有一定分布规律的随机变量。通常情况下,该磨损量由磨合期的时间长短以及磨合期的磨损速率决定,而根据经典的"浴盆曲线"可知,磨合期的磨损速率是随着时间递减的,假设其规律为均匀递减,则有

$$\omega_1 = \omega_0 - \gamma t \tag{5-14}$$

式中:ω_1 为 t 时刻的磨损速度;ω_0 为初始的磨损速度;γ 为磨损速度变化率。

对式(5-14)积分就可以得到磨损量与时间 t 的关系为

$$W_0(t_0) = \int_0^{t_0} \omega_1 \mathrm{d}t = \int_0^{t_0} (\omega_0 - \gamma t)\mathrm{d}t = \omega_0 t_0 - \frac{1}{2}\gamma t_0^2 \qquad (5-15)$$

由于磨损速度的测量很难进行,所以如果在磨损预测时需要考虑磨合期的磨损量,可以直接通过测量磨合期的磨损量的方式确定其分布特征。

随着磨损过程自组织阶段的结束,摩擦学系统达到有序的平稳运行阶段,即进入磨损混沌阶段。磨损的混沌行为是基于磨合吸引子的高级有序运动,属于磨损行为的定态,因此该阶段也可认定为稳定磨损阶段或正常磨损阶段。该阶段具有较长的时间,并实现设备的基本功能。如果情况正常,该阶段的磨损率是较为平稳的,摩擦副材料的磨损率主要由工作参数以及本身的性质所决定,而这些影响因素都是随机变量,因为受到系统结构以及工作状态的影响,会随着时间的增加而发生变化,同时随着磨损过程的进行,摩擦系统的磨损状态会发生变化,也会影响磨损率。这些因素决定了磨损率为时间的连续随机函数,因此,平稳阶段的磨损过程用随机过程模型 $\{\omega(t), t \in [0, T]\}$ 描述。该概率模型统计特征的特点:①均值函数 $\mu(t)$ 随时间的增长基本保持稳定;②方差函数随时间的增长而增加。

由于随着时间的增长,系统变化的随机性增大,使得受系统状态影响的磨损率的方差增大。变异系数也在变化,但变化不大。随着磨损过程的进行,系统润滑状况逐渐恶化,磨粒积聚逐渐增多,摩擦表面温度逐渐增高,相应的表面磨损加剧,系统很快丧失功能,因此,一般情况下对该阶段的磨损不予考虑。

设 $W(t)$ 为 t 时刻的实际磨损量,由磨合期磨损量以及稳定磨损状态下的磨损量共同决定,由随机过程的知识可知,$W(t)$ 为一个随机过程,如果平稳磨损阶段磨损量与时间呈线性关系,磨损的随机过程可表示为

$$W(t) = W_0(t_0) + \int_0^t \omega(t)\mathrm{d}t \qquad (5-16)$$

式中:t_0 为磨合期磨损时间;$\omega(t)$ 为平稳磨损期的磨损率。

磨损过程的随机性主要体现在两个方面:一方面是由于初始条件不同而使得磨合阶段的轨迹及磨损量具有随机性;另一方面是在稳定磨损阶段,由于磨损状态随着系统环境条件的改变而变化,导致磨损率具有随时间变化的随机性。由此可以判断磨损过程是一个随机过程。

5.3.2　磨损的随机过程基本模型

磨损随机过程基本模型的假设前提为:磨合期经过短暂的自组织阶段后进入平稳磨损阶段,平稳磨损阶段为连续且均匀的磨损状态;磨损量与时间的关系为线性关系。

平稳磨损阶段的随机过程可表示为

$$\omega(t) = \overline{\omega} + \varepsilon(t) \tag{5-17}$$

根据随机过程可知,如果满足自相关函数为单变量的函数,磨损随机过程 $\omega(t)$ 为一个平稳过程。根据式(5-17)可知,$\omega(t)$ 由常数 $\overline{\omega}$ 和随机过程 $\varepsilon(t)$ 决定,常值 $\overline{\omega}$ 主要由工作参数、环境因素及材料性质等因素决定,可以通过建立的静态模型进行确定。根据磨损过程的特点,随机过程 $\varepsilon(t)$ 可以定义为随机噪声项,代表对磨损产生影响的大量微观因素,当中的所有因素个体对材料的磨损根本性能没有显著的影响,综合起来,可以把它们模拟为随机噪声项。随机过程按功率谱可以分为白噪声过程和有色噪声过程。随机噪声项 $\varepsilon(t)$ 均值为 0,根据随机过程理论,若满足功率谱密度为恒值,则为白噪声过程。单从磨损速度的角度考虑磨损过程时,建立磨损过程的随机过程模型 $\omega(t)$ 的关键问题是确定噪声项 $\varepsilon(t)$。

假设稳定磨损期的噪声项为白噪声,这样当确定出其功率谱密度值后,即可确定磨损随机过程 $\omega(t)$ 的模型为

$$E[\omega(t)] = \overline{\omega} \tag{5-18}$$

$$R_{\omega(t)}(\tau) = \frac{\sigma^2}{2}\delta(\tau) \tag{5-19}$$

如果用 $W(t)$ 代表累积磨损量,则 $W(t)$ 由磨合期磨损量的随机变量和稳定磨损期的磨损速度随机过程 $\omega(t)$ 共同决定,故也为一个随机过程。如果暂不考虑磨合期的磨损量,根据随机过程理论,若随机过程 $W(t)$ 均方可微,则其导数 $\dfrac{\mathrm{d}W(t)}{\mathrm{d}t}$ 仍为一随机过程并且其均值函数与其导数过程的均值函数关系为

$$E\left[\frac{\mathrm{d}W(t)}{\mathrm{d}t}\right] = \frac{\mathrm{d}}{\mathrm{d}t}E[W(t)] \tag{5-20}$$

则有

$$E[W(t)] = \overline{\omega}t \tag{5-21}$$

和

$$D[W(t)] = E\{[W(t) - \overline{\omega}t]\} = \sigma^2 t \tag{5-22}$$

由此可知,$W(t)$ 为一个维纳过程。平稳磨损阶段的磨损率均值为一个常数,相当于维纳过程中的偏移系数,而 σ^2 相当于维纳过程中的过程强度。根据维纳过程性质,如果 $t_n > t_{n-1} >, \cdots, > t_1$,则有 $[W(t_n) - W(t_{n-1})]$,$[W(t_{n-1}) - W(t_{n-2})]$,$\cdots$,$[W(t_2) - W(t_1)]$ 是相互独立的,且均为高斯分布的随机变量,因此,$W(t_1)$,$W(t_2)$,$\cdots$,$W(t_n)$ 的联合分布也是高斯的,所以磨损过程又是一个高斯过程,累积磨损量也可表示为

$$W(t) = mt + \sigma W_0(t) \tag{5-23}$$

式中:$W_0(t)$ 为规范化维纳过程高斯白噪声 $\varepsilon(t)$ 的积分,即 $W_0(t) = \displaystyle\int_0^t \varepsilon(t)\,\mathrm{d}t$。

累积磨损量一维分布密度函数(基本模型)为

$$f(W,t) = \frac{1}{\sqrt{2\pi t}\sigma} e^{-\frac{1}{2}\frac{(W-\mu)^2}{\sigma^2 t}} \qquad (5-24)$$

参数包括磨损率的均值 μ 和过程的强度 σ^2,其中磨损率的均值可以根据磨损量的影响因素的分布以及影响关系来确定,即可根据建立的磨损预测静态模型来计算,而过程强度 σ^2 较难确定,可以通过试验或提供的变异系数值确定。如果根据磨损静态模型来确定,则不符合其含义,因为该参数的真正来源不仅包含磨损中主要影响因素的随机性,还包括来自除主要因素之外的其他大量微小因素的综合作用。同时,方差 $D[W_0(t)] = t$,$D[W(t)] = \sigma^2 t$ 均为时间 t 的函数,所以过程 $W_0(t)$ 和 $W(t)$ 为非平稳过程。

根据随机过程理论,规范化维纳过程的相关函数为

$$R_{W_0(t)}(t_2, t_1) = \min(t_2, t_1) \qquad (5-25)$$

根据式(5-23)可得

$$\operatorname{cov}[W(t_1), W(t_2)] = \sigma^2 \min(t_1, t_2) \qquad (5-26)$$

而对于增量 $[W(t_2) - W(t_1)]$,$t_2 > t_1$,则有

$$W(t_2) - W(t_1) = \int_0^{t_2} X(\lambda)\mathrm{d}\lambda - \int_0^{t_1} X(\lambda)\mathrm{d}\lambda = \int_{t_1}^{t_2} X(\lambda)\mathrm{d}\lambda \qquad (5-27)$$

并且具有零均值与方差:

$$D[W(t_2) - W(t_1)] = E\left[\int_{t_1}^{t_2}\int_{t_1}^{t_2} X(\lambda_1)X(\lambda_2)\mathrm{d}\lambda_1\mathrm{d}\lambda_2\right] = \sigma^2 |t_2 - t_1| \qquad (5-28)$$

式中:$X(\lambda)$ 为磨损过程的高斯白噪声。

5.4　齿轮点蚀磨损量分析

5.4.1　常用的磨损量测量方法

1. 表面轮廓测量法

用表面轮廓仪测量出零件磨损前后的表面轮廓然后加以对比来确定零件的磨损量。表面轮廓的测量方法有很多,如触针法、光学方法、扫面电子显微镜(SEM)以及扫描隧道显微镜(STM)等。此方法的有优点是能精确测量出磨损表面的各个位置磨损状况,有利于清楚地分析各种磨损。

2. 法向尺寸测量法

用千分尺、测长仪、读数显微镜等测量试样在磨损前后其法向尺寸的变化来确定磨损量。这种方法可以简单表示面(如平面、柱面等)的磨损情况。

3. 磨痕法

磨痕法也称作印痕法、刻痕法。试验之前在试件表面上刻痕,通过测量磨

损前后刻痕(印痕)的变化情况来确定其磨损量。

4. 测量失重法

用精密分析天平称量试件或小零件在磨损前后的质量变化来测定其磨损量。这种方法比较简单,适用于各种高低精度磨损量的测定,但是不能反映磨损区域的形状、尺寸变化。

5. 放射性同位素法

用放射性计数管测量磨损前后零件的放射强度的变化,即可测量出其磨损量。由于所确定的是磨损产物在单位时间内原子的衰变数,所以只要有足够的放射性,极微量的磨损也可显示可观的原子衰变数而被探测仪测量出。

6. 沉淀法

将润滑剂中所含的磨屑经过滤器或者沉淀分离出来,再称量磨屑重量。

7. 铁谱分析法

铁谱分析技术是利用高梯度磁场的作用将机器摩擦副中产生的磨损颗粒从润滑剂中分离出来,并使其按照尺寸大小依次沉淀在一显微基片上而制成铁谱片,然后至于铁谱显微镜或扫面电子显微镜下进行观察。或者按照尺寸大小依次沉积在玻璃管内,通过光学方法进行定量测量,以获得摩擦副磨损过程的各类信息,从而分析磨损机理和判断磨损的状态。

5.4.2　齿轮轮齿磨损量测量

常用的磨损量测量方法如测量失重法、沉淀法,它们虽然能精确地测量出零件磨损前后的质量差异,但不便于测量出磨损前后的形状变化。而法向尺寸测量法也只能简单地测量一处磨损量变化如节圆处,并且测量精度较低。

综合考虑以上因素,齿轮轮齿磨损采用表面轮廓测量法,磨损量处理方法运用在齿轮上则为齿廓齿形尺寸法,根据从齿根到齿顶齿廓形状的变化来表征磨损量,选用的测试仪器为 YXB-CMM201210 型三坐标测量仪。首先测量磨损前齿廓的 X、Y、Z 三坐标位置点,磨损后再对其测量。根据齿廓形状的变化测量出前后齿廓之间的距离为齿根到齿顶的磨损量。将前后测量的笛卡儿坐标点输入 Solid Works,然后测量两条齿廓曲线之间距离 h_t,即齿轮磨损量。根据齿轮笛卡儿坐标计算出其向径 $r=\sqrt{x^2+y^2}$,然后在 Matlab 中以 r 为横坐标、h_t 为纵坐标绘制出齿廓磨损量曲线。

试验是到齿轮点蚀寿命时对齿廓进行测量,然后经过 3h 运转之后再对其进行一次测量。磨损量表达方式为在从齿根到齿顶齿廓上磨损距离的大小。将两次测得的磨损量曲线画在同一个图形中。Solid Works 中图形示例如图 5-2 所示,经处理的齿根到齿顶的线磨损量曲线如图 5-3 所示。

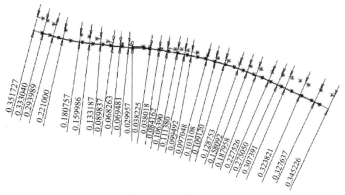

图 5-2　线磨损量测定(单位:mm)

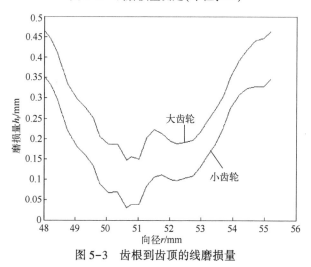

图 5-3　齿根到齿顶的线磨损量

5.4.3　磨损量处理分析

1. 磨损量分析

根据随机过程的基本理论,如果齿轮磨损过程为一个高斯过程,则在任意时刻的磨损量服从高斯分布。采用 CL-100 齿轮试验机进行试验测试,基于试验磨损数据获得的磨损曲线,通过磨损曲线可以求得磨损面积,然后根据齿厚计算出磨损体积,由密度就可以计算出磨损量。在 Matlab 中编程通过磨损面积函数,采用插值方法是把被积函数用样条插值的方法从样本点直接求取,根据函数可以求出大、小齿轮的磨损面积,进而计算出磨损量,如表 2-9~表 2-12 所列。

按照正态分布函数检验方法对各组数据进行正态检验,从而证明磨损量服从正态分布。大齿轮第一次磨损量为 $x = [0.1228682, 0.1375477, 0.1819316, 0.1956848,$ $0.2085588, 0.2102858, 0.2232854, 0.2481228, 0.2566008, 0.2746087]$,如图 5-4 所示。

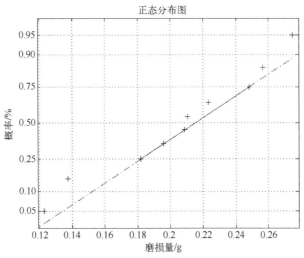

图 5-4　大齿轮第一次磨损量分布检验

由图 5-4 可知,磨损量为一条直线,故大齿轮第一次磨损量服从正态分布均值 $\mu = 0.2059$,标准差 $\sigma = 0.0490$。用同样方法检验,大齿轮第二次磨损量服从正态分布,其均值 $\mu = 0.3363$,标准差 $\sigma = 0.0795$;小齿轮第一次磨损量服从正态分布,均值 $\mu = 0.1301$,标准差 $\sigma = 0.0290$;小齿轮第二次磨损量服从正态分布,均值 $\mu = 0.2011$,标准差 $\sigma = 0.0528$。

根据原点以及第一次和第二次磨损量均值拟合出磨损量随运转次数变化的模型。拟合函数采用多项式拟合,其优点是使得整体的拟合误差最小。缺点是不能保证每个样本点都在拟合曲线上。

1）大齿轮磨损量变化规律和模型

$x = [0, 657610, 920410]$,$y_1 = [0, 0.2059, 0.3363]$,变化规律如图 5-5 所示。

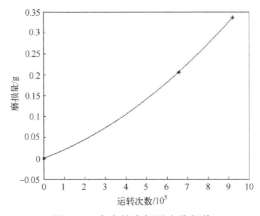

图 5-5　大齿轮磨损量变化规律

大齿轮磨损量模型为

$$x_1 = 0.198924 \times 10^{-12} t_1^2 + 0.182289 \times 10^{-6} t_1 - 0.533462 \times 10^{-17} \qquad (5-29)$$

式中：x_1 为大齿轮磨损量；t_1 为大齿轮运转次数，即齿轮磨损寿命。

2）小齿轮磨损量变化规律和模型

$x = [0, 657610, 920410]$，$y_2 = [0, 0.13006822, 0.2011013]$，变化规律如图 5-6 所示。

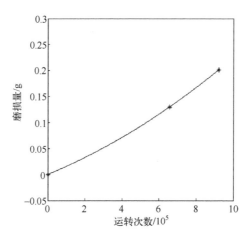

图 5-6　小齿轮磨损量变化规律

小齿轮磨损量模型为

$$x_2 = 0.787736 \times 10^{-13} t_2^2 + 0.145987 \times 10^{-6} t_2 - 0.588819 \times 10^{-17} \qquad (5-30)$$

式中：x_2 为小齿轮磨损量；t_2 为小齿轮运转次数，即齿轮磨损寿命。

由图 5-5 和图 5-6 可知，磨损量随着齿轮寿命的增加而成二次多项式函数增加。其中，大齿轮磨损量增加较小齿轮明显。大齿轮磨损量比小齿轮磨损量大，原因是大齿轮齿面接触硬度较小，硬度越小磨损量越大。

2. 齿顶磨损量处理

按照正态分布函数检验方法对齿顶磨损量组数据进行正态检验，证明齿顶磨损量服从正态分布。根据原点及第一次齿顶和第二次齿顶磨损量均值拟合出磨损量随运转次数变化的曲线。

1）大齿轮齿顶磨损量变化规律和模型

$x = [0, 657610, 920410]$，$y_3 = [0, 0.3211389, 0.4535669]$，变化规律如图 5-7 所示。

大齿轮齿顶磨损量模型为

$$x_3 = 0.169155 \times 10^{-13} t_3^2 + 0.477219 \times 10^{-6} t_3 - 0.240754 \times 10^{-16} \qquad (5-31)$$

式中：x_3 为大齿轮齿顶磨损量；t_3 为大齿轮运转次数，即齿轮磨损寿命。

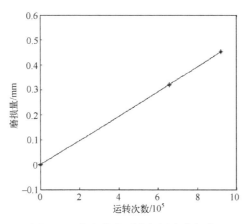

图 5-7　大齿轮齿顶磨损量变化规律

2) 小齿轮齿顶磨损量变化规律和模型

$x = [0, 657610, 920410]$，$y_4 = [0, 0.2048397, 0.25149399]$，变化规律如图 5-8 所示。

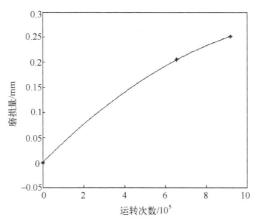

图 5-8　小齿轮齿顶磨损量变化规律

小齿轮齿顶磨损量模型为

$$x_4 = -0.145548 \times 10^{-12} t_4^2 + 0.407205 \times 10^{-6} t_4 - 0.237533 \times 10^{-16} \quad (5-32)$$

式中：x_4 为小齿轮齿顶磨损量；t_4 为小齿轮运转次数，即齿轮磨损寿命。

由图 5-7 和图 5-8 可知，齿顶磨损量数值较大，分析原因为齿顶处啮合相对滑动速率较大。齿顶磨损量增加不是很明显，原因是齿顶经过较大的相对滑动速率形成了齿面硬化现象，提高了齿面硬度。

3. 齿根磨损量处理

按照正态分布函数检验方法对齿根磨损量两组数据进行正态检验，证明齿根磨损量服从正态分布。根据原点及第一次齿根和第二次齿根磨损量均值拟合出磨损量随运转次数变化的曲线。

1）大齿轮齿根磨损量变化规律和模型

$x = [\,0, 657610, 920410\,]$，$y_5 = [\,0, 0.2365806, 0.3484672\,]$，变化规律如图 5-9 所示。

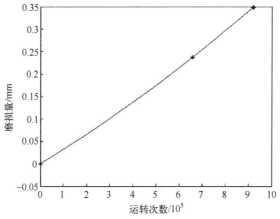

图 5-9　大齿轮齿根磨损量变化规律

大齿轮齿根磨损量模型为

$$x_5 = 0.716962 \times 10^{-13} t_5^2 + 0.31261 \times 10^{-6} t_5 - 0.1455489 \times 10^{-16} \qquad (5-33)$$

式中：x_5 为大齿轮齿根磨损量；t_5 为大齿轮运转次数，即齿轮磨损寿命。

2）小齿轮齿根磨损量变化规律和模型

$x = [\,0, 657610, 920410\,]$，$y_6 = [\,0, 0.1421623, 0.2015355\,]$，变化规律如图 5-10 所示。

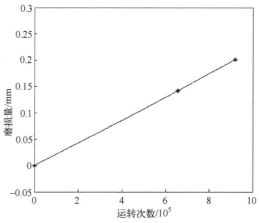

图 5-10　小齿轮齿根磨损量变化规律

小齿轮齿根磨损量模型为

$$x_6 = 0.105878 \times 10^{-13} t_6^2 + 0.2092187 \times 10^{-6} t_6 - 0.104912 \times 10^{-16} \qquad (5-34)$$

式中：x_6 为小齿轮齿根磨损量；t_6 为小齿轮运转次数，即齿轮磨损寿命。

由图 5-9 和图 5-10 可知，齿根磨损量小于齿顶磨损量，原因是齿根处相对滑动速率小于齿顶处相对滑动速率，齿根磨损量的增加与齿顶相似。

4. 节圆磨损量处理

按照正态分布函数检验方法对节圆磨损量两组数据进行正态检验，证明节圆磨损量服从正态分布。根据原点以及第一次节圆和第二次节圆磨损量均值拟合出磨损量随运转次数变化的曲线。

1）大齿轮节圆磨损量变化规律和模型

$x = [0, 657610, 920410]$，$y_7 = [0, 0.1092, 0.1906]$，变化规律如图 5-11 所示。

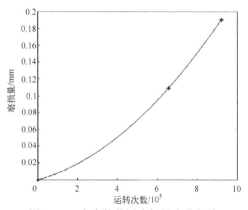

图 5-11　大齿轮节圆磨损量变化规律

大齿轮节圆磨损量模型为

$$x_7 = 0.15611 \times 10^{-12} t_7^2 + 0.633962 \times 10^{-7} t_7 - 0.111022 \times 10^{-17} \qquad (5-35)$$

式中：x_7 为大齿轮节圆磨损量；t_7 为大齿轮运转次数，即齿轮磨损寿命。

2）小齿轮节圆磨损量变化规律和模型

$x = [0, 657610, 920410]$，$y_8 = [0, 0.0492, 0.0918]$，变化规律如图 5-12 所示。

小齿轮节圆磨损量模型为

$$x_8 = 0.948317 \times 10^{-13} t_8^2 + 0.124541 \times 10^{-7} t_8 + 0.126565 \times 10^{-17} \qquad (5-36)$$

式中：x_8 为小齿轮节圆磨损量；t_8 为小齿轮运转次数，即齿轮磨损寿命。

由图 5-11 和图 5-12 可知，节圆磨损量与齿顶、齿根相比磨损量较小，原因是节圆处相对滑动速率最小，理论上值为零，但是实际运转过程中还会有轻微的相对滑动。

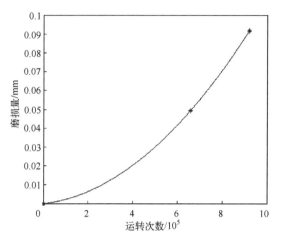

图 5-12　小齿轮节圆磨损量变化规律

5.4.4　齿轮磨损的随机过程描述

1. 随机过程描述方法

正态过程定义：设$\{X(t),t\in T\}$是随机过程，若对于任意的 n 及 $t_1,t_2,\cdots,$ $t_n\in T,(X(t_1),X(t_2),\cdots,X(t_n))$是 n 维正态随机向量，则称$\{X(t),t\in T\}$为正态随机过程。

描述随机过程统计特征特性的 3 种方法是随机过程的数字特征、随机过程的有限维分布函数族和随机过程的有限维特征函数族。

设$\{X(t),t\in T\}$为一随机过程。如果对于每个 $t\in T,E[X(t)]$存在，则称函数为随机过程的均值函数。若对任意 $s,t\in T,[X(s),X(t)]$协方差函数存在，则称函数 $C_X(s,t)=\mathrm{cov}[X(s),X(t)]$为随机过程$\{X(t),t\in T\}$的协方差函数，即

$$C_X(s,t)=\mathrm{cov}[X(s),X(t)]=E[(X(s)-m_X(s))(X(t)-m_X(t))],\quad s,t\in T$$
$$(5-37)$$

设$\{X(t),t\in T\}$为一随机过程，定义

$$F=\{F_{t_1,t_2,\cdots,t_n}(x_1,x_2,\cdots,x_n),\ x_1,x_2,\cdots,x_n\in R^1,\ t_1,t_2,\cdots,t_n\in T;\ n\in N\}$$
$$(5-38)$$

为随机过程$\{X(t),t\in T\}$的有限维分布函数族。

设$\{X(t),t\in T\}$为一随机过程，定义

$$\Phi=\{\varphi_{t_1,t_2,\cdots,t_n}(u_1,u_2,\cdots,u_n),\ u_1,u_2,\cdots,u_n\in R^1,\ t_1,t_2,\cdots,t_n\in T;\ n\in Z\}$$
$$(5-39)$$

为随机过程$\{X(t),t\in T\}$的有限维特征函数族。

2. 磨损量随机过程描述

1）大齿轮磨损量随机过程描述

大齿轮磨损量拟合函数为一随机过程 $X(t)$，并且 $t_1 = 657610, t_2 = 920410$ 时服从正态分布。故其为二维随机变量的正态随机过程，协方差矩阵磨损量统计数值如表 5-1 和表 5-2 所列。

表 5-1　大齿轮第一次磨损量统计数值

x_1	$\bar{x}_1$	$x_1 - \bar{x}_1$	$(x_1 - \bar{x}_1)^2$
0.1228682		−0.0830813	0.006902496
0.1375477		−0.0684018	0.004678801
0.1819316		−0.0240179	0.000576858
0.1956848		−0.0102647	0.000105363
0.2085588	0.2059495	0.00260934	6.80866×10^{-6}
0.2102858		0.00433634	1.88038×10^{-5}
0.2232854		0.01733594	0.000300535
0.2481228		0.04217334	0.001778591
0.2566008		0.05065134	0.002565558
0.2746087		0.06865924	0.004714091

求得的大齿轮第一次磨损量的方差为 0.002405323。

表 5-2　大齿轮第二次磨损量统计数值

x_2	$\bar{x}_2$	$x_2 - \bar{x}_2$	$(x_2 - \bar{x}_2)^2$
0.2098619		−0.12644152	0.015987458
0.2522519		−0.08405152	0.007064658
0.2535079		−0.08279552	0.006855098
0.302539		−0.03376442	0.001140036
0.3138116	0.3363034	−0.02249182	0.000505882
0.3920761		0.05577268	0.003110592
0.3921075		0.05580408	0.003114095
0.4073679		0.07106448	0.00505016
0.4132083		0.07690488	0.005914361
0.4263021		0.08999868	0.008099762

求得的大齿轮第二次磨损量的方差为 0.006315789。

其矢量均值为 $E(x) = [E(x_1), E(x_2)] = (0.2059495, 0.33630342)$。

协方差矩阵为

$$C = \begin{bmatrix} \sigma_{x_1}^2 & \mathrm{cov}(x_1, x_2) \\ \mathrm{cov}(x_1, x_2) & \sigma_{x_2}^2 \end{bmatrix} \tag{5-40}$$

式中：$\sigma_{x_i}^2 = \dfrac{1}{n-1} \sum\limits_{j=1}^{n} (x_{i,j} - \bar{x}_i)^2, i = 1,2$；$\mathrm{cov}(x_1, x_2) = \dfrac{1}{n-1} \left[\sum\limits_{j=1}^{n} (x_{1,j} - \bar{x}_1) \times (x_{2,j} - \bar{x}_2) \right]$。

则有

$$C = \begin{bmatrix} 0.0024 & 0.0036 \\ 0.0036 & 0.0063 \end{bmatrix}$$

该正态过程的二维概率密度函数族为

$$f_{t_1 t_2}(x_1, x_2) = \frac{1}{2\pi |C|^{\frac{1}{2}}} \exp\left[-\frac{1}{2}(\boldsymbol{x} - \boldsymbol{\mu})^{\mathrm{T}} C^{-1}(\boldsymbol{x} - \boldsymbol{\mu}) \right] \tag{5-41}$$

式中：$\boldsymbol{x} = (x_1, x_2)^{\mathrm{T}}, \boldsymbol{\mu} = (\mu_{x(t_1)}, \mu_{x(t_2)}) = (0.2059, 0.3363), x_1, x_2 \in R^1, t_1, t_2 \geqslant 0$。

该正态过程的二维特征函数族为

$$\varphi_{t_1, t_2}(u_1, u_2) = \exp\left(\mathrm{j} \boldsymbol{u}^{\mathrm{T}} \boldsymbol{\mu} - \frac{1}{2} \boldsymbol{u}^{\mathrm{T}} C \boldsymbol{u} \right) \tag{5-42}$$

式中：$\boldsymbol{u} = (u_1, u_2)^{\mathrm{T}}, \boldsymbol{\mu} = (\mu_{x(t_1)}, \mu_{x(t_2)}) = (0.2059, 0.3363), u_1, u_2 \in R^1, t_1, t_2 \geqslant 0$。

2）小齿轮磨损量随机过程描述

小齿轮磨损量拟合函数为一随机过程，并且 $t_1 = 657610, t_2 = 920410$ 时服从正态分布。故其为二维随机变量的正态随机过程。协方差矩阵磨损量统计数值如表 5-3 和表 5-4 所列。

表 5-3　小齿轮第一次磨损量统计数值

x_1	$\bar{x}_1$	$x_1 - \bar{x}_1$	$(x_1 - \bar{x}_1)^2$
0.0967905		−0.0332777	0.001107407
0.1020343		−0.0280339	0.000785901
0.1044992		−0.025569	0.000653775
0.115866		−0.0142022	0.000201703
0.1170592		−0.0130090	0.000169235
0.1226484	0.1300682	−0.0074198	5.50537×10^{-5}
0.1366057		0.00653748	4.27386×10^{-5}
0.1594492		0.02938098	0.000863242
0.1715382		0.04146998	0.001719759
0.1741915		0.04412328	0.001946864

求得的小齿轮第一次磨损量的方差为 0.000838409。

表 5-4　小齿轮第二次磨损量统计数值

x_2	$\bar{x}_2$	$x_2-\bar{x}_2$	$(x_2-\bar{x}_2)^2$
0.1402324		−0.0608689	0.003705023
0.1404208		−0.0606805	0.003682123
0.1669224		−0.0341789	0.001168197
0.1721348		−0.0289665	0.000839058
0.1982439	0.2011013	−0.0028574	8.16473×10^{-6}
0.205199		0.0040977	1.67911×10^{-5}
0.2055444		0.0044431	1.97411×10^{-5}
0.2277285		0.0266272	0.000709008
0.2362379		0.0351366	0.001234581
0.3183489		0.1172476	0.013747000

求得的小齿轮第二次磨损量的方差为 0.002792187。

其矢量均值为 $E(x)=[E(x_1),E(x_2)]=(0.13006835,0.2011013)$。

协方差矩阵协方差矩阵为 $C=\begin{bmatrix}\sigma_{x_1}^2 & \mathrm{cov}(x_1,x_2)\\ \mathrm{cov}(x_1,x_2) & \sigma_{x_2}^2\end{bmatrix}=\begin{bmatrix}0.0008 & 0.0014\\ 0.0014 & 0.0028\end{bmatrix}$。

该正态过程的二维概率密度函数族和特征函数族同式(5-41)和式(5-42)。

3. 齿顶磨损量随机过程描述

1）大齿轮齿顶磨损量随机过程描述

大齿轮齿顶磨损量拟合函数为一随机过程，并且 $t_1=657610,t_2=920410$ 时服从正态分布。故其为二维随机变量的正态随机过程,协方差矩阵齿顶磨损量统计数值如表 5-5 和表 5-6 所列。

表 5-5　大齿轮第一次齿顶磨损量统计数值

x_1	$\bar{x}_1$	$x_1-\bar{x}_1$	$(x_1-\bar{x}_1)^2$
0.238963		−0.0821759	0.006752879
0.368225		0.0470861	0.002217101
0.480071		0.1589321	0.025259412
0.085533	0.3211389	−0.2356059	0.05551014
0.229107		−0.0920319	0.008469871
0.391047		0.0699081	0.004887142
0.375468		0.0543291	0.002951651

（续）

x_1	$\bar{x}_1$	$x_1-\bar{x}_1$	$(x_1-\bar{x}_1)^2$
0.336112		0.0149731	0.000224194
0.361637	0.3211389	0.0404981	0.001640096
0.345226		0.0240871	0.000580188

求得的大齿轮第二次齿顶磨损量的方差为 0.012054742。

表 5-6　大齿轮第二次齿顶磨损量统计数值

x_2	$\bar{x}_2$	$x_2-\bar{x}_2$	$(x_2-\bar{x}_2)^2$
0.370249		−0.0833179	0.006941872
0.463409		0.0098421	9.68669×10^{-5}
0.584275		0.1307081	0.017084607
0.292222		−0.1613449	0.026032177
0.320985	0.4535669	−0.1325819	0.01757796
0.561461		0.1078941	0.011641137
0.524468		0.0709011	0.005026966
0.491117		0.0375501	0.00141001
0.464562		0.0109951	0.000120892
0.462921		0.0093541	8.74992×10^{-5}

求得的大齿轮第二次齿顶磨损量的方差为 0.009557776。

其矢量均值为 $E(x)=[E(x_1),E(x_2)]=(0.3211389,0.4535669)$。

协方差矩阵为 $C=\begin{bmatrix} \sigma_{x_1}^2 & \mathrm{cov}(x_1,x_2) \\ \mathrm{cov}(x_1,x_2) & \sigma_{x_2}^2 \end{bmatrix}=\begin{bmatrix} 0.0121 & 0.0101 \\ 0.0101 & 0.0096 \end{bmatrix}$。

该正态过程的二维概率密度函数族和特征函数族同式（5-41）和式（5-42）。

2）小齿轮齿顶磨损量随机过程描述

小齿轮齿顶磨损量拟合函数为一随机过程，并且 $t_1=657610$，$t_2=920410$ 时服从正态分布。故其为二维随机变量的正态随机过程。协方差矩阵齿顶磨损量统计数值如表 5-7 和表 5-8 所列。

表 5-7　小齿轮第一次齿顶磨损量统计数值

x_1	$\bar{x}_1$	$x_1-\bar{x}_1$	$(x_1-\bar{x}_1)^2$
0.218038	0.2048397	0.0131983	0.000174195
0.137656		−0.0671837	0.00451365

（续）

x_1	$\bar{x}_1$	$x_1-\bar{x}_1$	$(x_1-\bar{x}_1)^2$
0.242822		0.0379823	0.001442655
0.139046		−0.0657937	0.004328811
0.135003		−0.0698367	0.004877165
0.194402		−0.0104377	0.000108946
0.252151	0.2048397	0.0473113	0.002238359
0.289451		0.0846113	0.007159072
0.238287		0.0334473	0.001118722
0.201541		−0.0032987	$1.08814×10^{-5}$

求得的小齿轮第一次齿顶磨损量的方差为 0.002885828。

表 5-8　小齿轮第二次齿顶磨损统计数值

x_2	$\bar{x}_2$	$x_2-\bar{x}_2$	$(x_2-\bar{x}_2)^2$
0.255646		0.0041521	$1.72399×10^{-5}$
0.127671		−0.1238229	0.015332111
0.274835		0.0233411	0.000544807
0.190724		−0.0607699	0.003692981
0.180138		−0.0713559	0.005091664
0.221448	0.2514939	−0.0300459	0.000902756
0.313122		0.0616281	0.003798023
0.382546		0.1310521	0.017174653
0.295113		0.0436191	0.001902626
0.273696		0.0222021	0.000492933

求得的小齿轮第二次齿顶磨损量的方差为 0.005438866。

其矢量均值为 $E(x)=[E(x_1),E(x_2)]=(0.2048397,0.2514939)$

协方差矩阵为 $C=\begin{bmatrix} \sigma_{x_1}^2 & \mathrm{cov}(x_1,x_2) \\ \mathrm{cov}(x_1,x_2) & \sigma_{x_2}^2 \end{bmatrix}=\begin{bmatrix} 0.0029 & 0.0038 \\ 0.0038 & 0.0054 \end{bmatrix}$。

该正态过程的二维概率密度族和特征函数族同式（5-41）和式（5-42）。

4. 齿根磨损量随机过程描述

1）大齿轮齿根磨损量随机过程描述

大齿轮齿根磨损量拟合函数为一随机过程，并且 $t_1=657610$，$t_2=920410$ 时服从正态分布。故其为二维随机变量的正态随机过程。协方差矩阵齿根磨损量统计数值如表5-9和表5-10所列。

表5-9　大齿轮第一次齿根磨损量统计数值

x_1	$\bar{x}_1$	$x_1 - \bar{x}_1$	$(x_1 - \bar{x}_1)^2$
0.155086		−0.0814946	0.00664137
0.29575		0.0591694	0.003501018
0.342351		0.1057704	0.011187378
0.048347		−0.1882336	0.035431888
0.16915	0.2365806	−0.0674306	0.004546886
0.287549		0.0509684	0.002597778
0.225441		−0.0111396	0.000124091
0.242593		0.0060124	3.6149×10^{-5}
0.247812		0.0112314	0.000126144
0.351727		0.1151464	0.013258693

求得的大齿轮第一次齿根磨损量的方差为0.00860571。

表5-10　大齿轮第二次齿根磨损量统计数值

x_2	$\bar{x}_2$	$x_2 - \bar{x}_2$	$(x_2 - \bar{x}_2)^2$
0.235479		−0.1129882	0.012766333
0.404184		0.0557168	0.003104362
0.403904		0.0554368	0.003073239
0.162268		−0.1861992	0.034670142
0.238501	0.3484672	−0.1099662	0.012092565
0.407572		0.0591048	0.003493377
0.347437		−0.0010302	1.06131×10^{-6}
0.407073		0.0586058	0.00343464
0.413505		0.0650378	0.004229915
0.464749		0.1162818	0.013521457

求得的大齿轮第二次齿根磨损量的方差为0.01004301。

其矢量均值为$E(x) = [E(x_1), E(x_2)] = (0.2365806, 0.34846729)$。

协方差矩阵为$C = \begin{bmatrix} \sigma_{x_1}^2 & \text{cov}(x_1, x_2) \\ \text{cov}(x_1, x_2) & \sigma_{x_2}^2 \end{bmatrix} = \begin{bmatrix} 0.0086 & 0.0087 \\ 0.0087 & 0.0100 \end{bmatrix}$。

该正态过程的二维概率密度函数族和特征函数族同式(5-41)和式(5-42)。

2) 小齿轮齿根磨损量随机过程描述

小齿轮齿根磨损量拟合函数为一随机过程,并且$t_1 = 657610, t_2 = 920410$时服从正态分布。故其为二维随机变量的正态随机过程。协方差矩阵齿根磨损量统计数值如表 5-11 和表 5-12 所列。

表 5-11　小齿轮第一次齿根磨损量统计数值

x_1	$\bar{x}_1$	$x_1-\bar{x}_1$	$(x_1-\bar{x}_1)^2$
0.159854		0.0176917	0.000312996
0.094713		−0.0474493	0.002251436
0.186676		0.0445137	0.001981469
0.160651		0.0184887	0.000341832
0.114948		−0.0272143	0.000740618
0.138697	0.1421623	−0.0034653	1.20083×10^{-5}
0.143537		0.0013747	1.8898×10^{-6}
0.13289		−0.0092723	8.59755×10^{-5}
0.167489		0.0253267	0.000641442
0.122168		−0.0199943	0.000399772

求得的小齿轮第一次齿根磨损量的方差为 0.00075216。

表 5-12　小齿轮第二次齿根磨损量统计数值

x_2	$\bar{x}_2$	$x_2-\bar{x}_2$	$(x_2-\bar{x}_2)^2$
0.193987		−0.0075485	5.69799×10^{-5}
0.182378		−0.0191575	0.00036701
0.222651		0.0211155	0.000445864
0.199953		−0.0015825	2.50431×10^{-6}
0.153826		−0.0477095	0.002276196
0.163353	0.2015355	−0.0381825	0.001457903
0.196054		−0.0054815	3.00468×10^{-5}
0.174063		−0.0274725	0.000754738
0.289585		0.0880495	0.007752714
0.239505		0.0379695	0.001441683

求得的小齿轮第二次齿根磨损量的方差为 0.001620627。

其矢量均值为 $E(x)=[E(x_1),E(x_2)]=(0.1421623,0.2015355)$。

协方差矩阵为 $C=\begin{bmatrix} \sigma_{x_1}^2 & \mathrm{cov}(x_1,x_2) \\ \mathrm{cov}(x_1,x_2) & \sigma_{x_2}^2 \end{bmatrix}=\begin{bmatrix} 0.0008 & 0.0005 \\ 0.0005 & 0.0016 \end{bmatrix}$。

该正态过程的二维概率密度函数族和特征函数族同式(5-41)和式(5-42)。

5. 节圆磨损量随机过程描述

1）大齿轮节圆磨损量随机过程描述

大齿轮节圆磨损量拟合函数为一随机过程，并且 $t_1 = 657610$，$t_2 = 920410$ 时服从正态分布。故其为二维随机变量的正态随机过程。协方差矩阵大齿轮节圆磨损量统计数值如表 5-13 和表 5-14 所列。

表 5-13　大齿轮第一次节圆磨损量统计数值

x_1	$\bar{x}_1$	$x_1-\bar{x}_1$	$(x_1-\bar{x}_1)^2$
0.101014		−0.0082111	6.74222×10^{-5}
0.112531		0.0033059	1.0929×10^{-5}
0.049344		−0.0598811	0.003585746
0.088447		−0.0207781	0.000431729
0.081634	0.1092251	−0.0275911	0.000761269
0.149335		0.0401099	0.001608804
0.14851		0.0392849	0.001543303
0.172375		0.0631499	0.00398791
0.071269		−0.0379561	0.001440666
0.117792		0.0085669	7.33918×10^{-5}

求得的大齿轮第一次节圆磨损量的方差为 0.001501241。

表 5-14　大齿轮第二次节圆磨损量统计数值

x_2	$\bar{x}_2$	$x_2-\bar{x}_2$	$(x_2-\bar{x}_2)^2$
0.196573		0.0059561	3.54751×10^{-5}
0.209507		0.0188901	0.000356836
0.197187		0.0065701	4.31662×10^{-5}
0.126832		−0.0637849	0.004068513
0.148444	0.1906169	−0.0421729	0.001778553
0.227767		0.0371501	0.00138013
0.228123		0.0375061	0.001406708
0.269648		0.0790311	0.006245915
0.116123		−0.0744939	0.005549341
0.185965		−0.0046519	2.16402×10^{-5}

求得的大齿轮第二次节圆磨损量的方差为 0.002320698。

其矢量均值为 $E(x)=[E(x_1), E(x_2)]=(0.1092251, 0.1906169)$。

协方差矩阵为 $C = \begin{bmatrix} \sigma_{x_1}^2 & \mathrm{cov}(x_1, x_2) \\ \mathrm{cov}(x_1, x_2) & \sigma_{x_2}^2 \end{bmatrix} = \begin{bmatrix} 0.0015 & 0.0014 \\ 0.0014 & 0.0023 \end{bmatrix}$。

该正态过程的二维概率密度函数族和特征函数族同式(5-41)和式(5-42)。

2）小齿轮节圆磨损量随机过程描述

小齿轮节圆磨损量拟合函数为一随机过程,并且 $t_1 = 657610$, $t_2 = 920410$ 时服从正态分布。故其为二维随机变量的正态随机过程。协方差矩阵小齿轮节圆磨损量统计数值如表 5-15 和表 5-16 所列。

表 5-15　小齿轮第一次节圆磨损量统计数值

x_1	$\bar{x}_1$	$x_1 - \bar{x}_1$	$(x_1 - \bar{x}_1)^2$
0.079274		0.030108	0.000906492
0.024948		−0.024218	0.000586512
0.050471		0.001305	1.70303×10^{-6}
0.041533		−0.007633	5.82627×10^{-5}
0.036501		−0.012665	0.000160402
0.028962	0.049166	−0.020204	0.000408202
0.050193		0.001027	1.05473×10^{-6}
0.062382		0.013216	0.000174663
0.064195		0.015029	0.000225871
0.053201		0.004035	1.62812×10^{-5}

求得的小齿轮第一次节圆磨损量的方差为 0.00028216。

表 5-16　小齿轮第二次节圆磨损量统计数值

x_2	$\bar{x}_2$	$x_2 - \bar{x}_2$	$(x_2 - \bar{x}_2)^2$
0.11816		0.0263528	0.00069447
0.070849		−0.0209582	0.000439246
0.073292		−0.0185152	0.000342813
0.055695		−0.0361122	0.001304091
0.069455		−0.0223522	0.000499621
0.056758	0.0918072	−0.0350492	0.001228446
0.098297		0.0064898	4.21175×10^{-5}
0.133994		0.0421868	0.001779726
0.117218		0.0254108	0.000645709
0.124354		0.0325468	0.001059294

求得的小齿轮第二次节圆磨损量的方差为 0.000892837。

其矢量均值为 $E(x) = [E(x_1), E(x_2)] = (0.049166, 0.0918072)$。

协方差矩阵为 $C = \begin{bmatrix} \sigma_{x_1}^2 & \mathrm{cov}(x_1, x_2) \\ \mathrm{cov}(x_1, x_2) & \sigma_{x_2}^2 \end{bmatrix} = \begin{bmatrix} 0.0003 & 0.0004 \\ 0.0004 & 0.0009 \end{bmatrix}$。

该正态过程的二维概率密度函数族和特征函数族同式(5-41)和式(5-42)。

5.4.5 同一个齿轮两个轮齿线磨损量之间的相关性

1. 分析方法

取同一个齿轮两个轮齿上的 n 个点的线磨损量数据对这两组数据进行相关性检验,求得两组数据之间的相关系数,即可分析两个轮齿线磨损量之间的相关性。相关系数 $\rho_{x_1}\rho_{x_2}$ 的绝对值越大则相关性越明显。

2. 同一个大齿轮两个轮齿之间的相关性

取同一个大齿轮两个轮齿上的 30 个线磨损量数据,如表 5-17 和表 5-18 所列,其中线磨损量为齿轮第二次线磨损量。

表 5-17　大齿轮第一个轮齿线磨损量统计数值

x_1	$\bar{x}_1$	$x_1 - \bar{x}_1$	$(x_1 - \bar{x}_1)^2$
0.407572		0.030453	0.000927
0.342291		−0.03483	0.001213
0.339485		−0.03763	0.001416
0.35588		−0.02124	0.000451
0.335954		−0.04117	0.001695
0.316779		−0.06034	0.003641
0.332955		−0.04416	0.00195
0.286508		−0.09061	0.00821
0.301925	0.37711	−0.07519	0.005654
0.276748		−0.10037	0.010074
0.231081		−0.14604	0.021327
0.227767		−0.14935	0.022306
0.22462		−0.1525	0.023256
0.275338		−0.10178	0.010359
0.292254		−0.08487	0.007202
0.316004		−0.06112	0.003735
0.350057		−0.02706	0.000732

（续）

x_1	$\bar{x}_1$	$x_1-\bar{x}_1$	$(x_1-\bar{x}_1)^2$
0.373333		−0.00379	1.43×10^{-5}
0.395975		0.018856	0.000356
0.413398		0.036279	0.001316
0.419615		0.042496	0.001806
0.449414		0.072295	0.005227
0.437923		0.060804	0.003697
0.453794	0.37711	0.076675	0.005879
0.463908		0.086789	0.007532
0.498321		0.121202	0.01469
0.558927		0.181808	0.033054
0.539593		0.162474	0.026398
0.534696		0.157577	0.02483
0.561461		0.184342	0.033982

求得的大齿轮第一个轮齿线磨损量的方差为 0.009756。

表 5-18　大齿轮第二个轮齿线磨损量统计数值

x_2	$\bar{x}_2$	$x_2-\bar{x}_2$	$(x_2-\bar{x}_2)^2$
0.347437		0.029126	0.000848
0.315517		−0.00279	7.81×10^{-6}
0.311571		−0.00674	4.54×10^{-5}
0.333006		0.014695	0.000216
0.30544		−0.01287	0.000166
0.284811		−0.0335	0.001122
0.277512		−0.0408	0.001665
0.274676	0.31831	−0.04363	0.001904
0.267551		−0.05076	0.002577
0.252088		−0.06622	0.004385
0.228123		−0.09019	0.008134
0.22044		−0.09787	0.009579
0.221775		−0.09654	0.009319
0.230523		−0.08779	0.007707
0.247791		−0.07052	0.004973

（续）

x_2	$\bar{x}_2$	$x_2-\bar{x}_2$	$(x_2-\bar{x}_2)^2$
0.237463		−0.08085	0.006536
0.244687		−0.07362	0.00542
0.235593		−0.08272	0.006842
0.271178		−0.04713	0.002222
0.302267		−0.01604	0.000257
0.291981		−0.02633	0.000693
0.289656		−0.02865	0.000821
0.362251	0.31831	0.04394	0.001931
0.401512		0.083201	0.006922
0.448698		0.130387	0.017001
0.439443		0.121132	0.014673
0.450499		0.132188	0.017474
0.452452		0.134141	0.017994
0.47892		0.160609	0.025795
0.524468		0.206157	0.042501

求得的大齿轮第二个轮齿线磨损量的方差为 0.007577。

协方差矩阵为 $C = \begin{bmatrix} \sigma_{x_1}^2 & \mathrm{cov}(x_1,x_2) \\ \mathrm{cov}(x_1,x_2) & \sigma_{x_2}^2 \end{bmatrix} = \begin{bmatrix} 0.0098 & 0.0077 \\ 0.0077 & 0.0076 \end{bmatrix}$。

相关系数 $\rho_{x_1}\rho_{x_2} = \dfrac{\mathrm{cov}(x_1,x_2)}{\sqrt{D(x_1)}\sqrt{D(x_2)}} = 0.8922$。

3. 同一个小齿轮两个轮齿之间的相关性

取同一个小齿轮两个轮齿上的 20 个点的线磨损量数据,线磨损量如表 5-19 表和 5-20 所列。

表 5-19 小齿轮第一个轮齿线磨损量统计数值

x_1	$\bar{x}_1$	$x_1-\bar{x}_1$	$(x_1-\bar{x}_1)^2$
0.289585		0.114133	0.013026
0.196448		0.020996	0.000441
0.138142	0.175452	−0.03731	0.001392
0.158489		−0.01696	0.000288
0.122854		−0.0526	0.002767
0.098587		−0.07686	0.005908

（续）

x_1	$\bar{x}_1$	$x_1 - \bar{x}_1$	$(x_1 - \bar{x}_1)^2$
0.108852		−0.0666	0.004436
0.085409		−0.09004	0.008108
0.07532		−0.10013	0.010026
0.114375		−0.06108	0.00373
0.117218		−0.05823	0.003391
0.156226		−0.01923	0.00037
0.173265		−0.00219	4.78×10^{-6}
0.184051	0.175452	0.008599	7.39×10^{-5}
0.208551		0.033099	0.001096
0.216274		0.040822	0.001666
0.234267		0.058815	0.003459
0.248104		0.072652	0.005278
0.287905		0.112453	0.012646
0.295113		0.119661	0.014319

求得的小齿轮第一个轮齿线磨损量的方差为 0.00456。

表 5-20　小齿轮第二个轮齿线磨损量统计数值

x_2	$\bar{x}_2$	$x_2 - \bar{x}_2$	$(x_2 - \bar{x}_2)^2$
0.239505		0.066384	0.004407
0.201473		0.028352	0.000804
0.125723		−0.0474	0.002247
0.150276		−0.02284	0.000522
0.129519		−0.0436	0.001901
0.136232		−0.03689	0.001361
0.109547		−0.06357	0.004042
0.105559	0.173121	−0.06756	0.004565
0.10378		−0.06934	0.004808
0.115388		−0.05773	0.003333
0.124354		−0.04877	0.002378
0.137807		−0.03531	0.001247
0.170142		−0.00298	8.87×10^{-6}
0.201538		0.028417	0.000808
0.19841		0.025289	0.00064

（续）

x_2	$\bar{x}_2$	$x_2-\bar{x}_2$	$(x_2-\bar{x}_2)^2$
0.21434		0.041219	0.001699
0.222852		0.049731	0.002473
0.23848	0.173121	0.065359	0.004272
0.263791		0.09067	0.008221
0.273696		0.100575	0.010115

求得的小齿轮第二个轮齿线磨损量的方差为 0.00315。

协方差矩阵为 $C = \begin{bmatrix} \sigma_{x_1}^2 & \mathrm{cov}(x_1,x_2) \\ \mathrm{cov}(x_1,x_2) & \sigma_{x_2}^2 \end{bmatrix} = \begin{bmatrix} 0.0049 & 0.0038 \\ 0.0038 & 0.0032 \end{bmatrix}$。

相关系数 $\rho_{x_1}\rho_{x_2} = \dfrac{\mathrm{cov}(x_1,x_2)}{\sqrt{D(x_1)}\sqrt{D(x_2)}} = 0.9596$。

经分析发现，同一个齿轮上的各轮齿之间线磨损量相关性很明显，其中大齿轮相关系数为 $\rho_{x_1}\rho_{x_2} = 0.8922$，小齿轮相关系数为 $\rho_{x_1}\rho_{x_2} = 0.9596$。

5.4.6 钢材料的磨损过程分析

由表 2-7 的试验结果可以看出，在相同的磨损时间下，6 组试验中，磨损量的最大值与最小值差别都很大，即数据的离散性较大。因为试验在相同的系统下进行，同时工作参数以及表面硬度都相同，所以可以认为磨损量的差别主要来自磨合阶段的影响。分析可知，系统在自组织阶段磨损量取决于表面状态以及工作参数，而工作参数中对其影响较大的是滑动速度。为此进一步做验证分析，首先在转速不变（$r = 100\mathrm{r/min}$）的条件下，对载荷逐级加载，开始值为 400N，加载梯度为 50N/10min，直到磨损异常为止。加载过程及摩擦系数随时间的变化如图 5-13 和图 5-14 所示。同样，在载荷不变（400N）的情况下，逐级加大转速，起始速度为 100r/min，增大梯度为 100r/10min，直到出现异常为止。转速随时间的变化如图 5-15 所示，摩擦系数随时间的变化如图 5-16 所示。

由图 5-13 ~ 图 5-16 可知，当载荷逐级增大时，摩擦系数没有发生明显的变化，载荷增大至 950N 时，摩擦系数略有升高，120min 后的磨损量为 1.511mg。摩擦系数随时间的变化较载荷更为明显，转速增大到 350r/min 时，摩擦系数发生突变，32min 后的磨损量为 15.469mg。以上结果说明，由转速以及润滑状态决定的表面初始状态，决定了磨合期的变化轨迹，这对材料表面的磨合期磨损量的影响较大。而载荷和接触面积等决定了材料表面达到互适状态时的磨合吸引子，对稳定磨损期的磨损量影响较大。

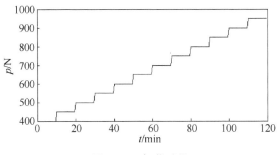

图 5-13　加载过程

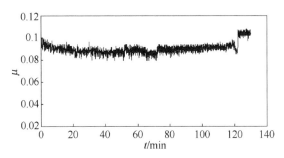

图 5-14　摩擦系数随时间的变化(1)

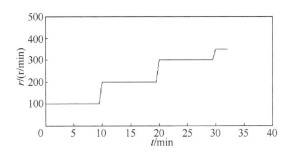

图 5-15　转速随时间的变化

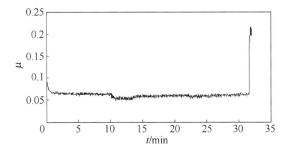

图 5-16　摩擦系数随时间的变化(2)

对同样批次试件表面进行打磨处理,使表面光洁,然后进行短时间的磨损试验,以观察磨合期的运行状况,并测量磨损量。根据图 5-14 和图 5-16 以及所有随机过程试验的摩擦系数曲线,磨合时间约为 3min。因此在相同的试验材料和试验条件下进行试验,磨损时间为 3min,试验结果见表 5-21。由试验结果可知,磨合阶段具有较稳定的磨损量,6 次的试验结果都和均值(3.073mg)较为接近,方差(1.136mg)也较小,但与表 2-7 所列的结果相比,磨合期的磨损量较小。因此,可以认为引起磨损离散性大的原因是由磨合阶段造成的。

表 5-21　磨合期磨损试验结果

序　　号	时间/min	磨损前/mg	磨损后/mg	磨损量/mg
1		89398.974	89394.4	4.574
2		89623.495	89621.71	1.785
3	3	89183.439	89179.58	3.859
4		89178.038	89174.596	3.442
5		89352.635	89350.049	2.586
6		88876.337	88874.145	2.192

以上关于钢材料磨损过程的分析,说明了磨合是两个表面逐渐匹配的过程,也是摩擦系数逐渐从不稳定变为稳定的过程。磨合阶段的正常与否,决定了机械设备能否迅速进入良好的润滑状态,投入正常的运转。研究表明,当硬金属在软金属表面滑动时,运动是较平稳的,但在软金属上易形成磨损沟槽。所以为使系统从磨合磨损阶段很快进入正常磨损阶段,首先应该保证对磨件的表面精度,这样才能使得磨合阶段获得良好的润滑状态。同时应该采用逐级加速的方式,以防止出现严重磨损,这样才能增加机械的可靠性。

5.4.7　钢材料的磨损随机过程模型

应用试验结果建立磨损随机过程模型,首先对数据进行异常值的检验(显著性水平 $\alpha=0.05$)。因为考核的指标是磨损量,所以异常数据处理时的假设分布为正态分布。根据检验后的结果对各组试验数据进行参数估计,并对分布进行检验,结果如表 5-22 所列。同时,由图 4-1 对钢材料的磨损量与时间关系的拟合结果表明,当磨损时间大于 150min 时,磨损曲线明显呈指数上升趋势,说明已经由平稳磨损过渡到剧烈磨损,所以在此之后的磨损在建立模型时不予考虑。

表 5-22　数据检验及处理

组号	异常数据检验 (3S 法, $\alpha = 0.05$)	参数估计		正态分布检验(K-S 法, 显著性水平 $\alpha = 0.10$)
		μ	σ	
1	无异常数据	5.792	3.049	$D = 0.190047$ $D_{n,\alpha} = 272231$ $D < D_{n,\alpha}$ 接受原假设
2	无异常数据	6.385	3.321	$D = 0.236746$ $D_{n,\alpha} = 261614$ $D < D_{n,\alpha}$ 接受原假设
3	无异常数据	7.719	4.066	$D = 0.241039$ $D_{n,\alpha} = 276041$ $D < D_{n,\alpha}$ 接受原假设
4	无异常数据	8.604	4.616	$D = 0.201574$ $D_{n,\alpha} = 273513$ $D < D_{n,\alpha}$ 接受原假设
5	无异常数据	10.755	5.682	$D = 0.178502$ $D_{n,\alpha} = 280936$ $D < D_{n,\alpha}$ 接受原假设
6	无异常数据	14.116	8.003	$D = 0.256494$ $D_{n,\alpha} = 264043$ $D < D_{n,\alpha}$ 接受原假设

　　建立磨损随机过程模型,需要确定两个参数,即磨损率均值和过程强度。其中,磨损率均值可以应用静态模型确定或通过试验结果计算。过程强度的值可以直接通过下式求得:

$$D[W(t_2) - W(t_1)] = DW(t_2) - DW(t_1) = \sigma^2 |t_2 - t_1| \qquad (5-43)$$

　　根据对数据的统计结果可知,该磨损过程的磨损率的方差随着磨损时间的增加有增大趋势,求出其过程强度 σ^2 的值及偏移系数(磨损率均值)后,最终确定钢材料的磨损随机过程模型为

$$f(W,t) = \frac{1}{\sqrt{2\pi t} \times 10.191} \exp\left[-\frac{1}{2}\frac{(W-4.633t)^2}{10.191^2 t}\right] \tag{5-44}$$

如果求得磨合期磨损量的分布，$W_0 \sim N(\mu_0, \sigma_0)$，则在时间 T 内累积磨损量的分布特征为

$$\mu_{W_T} = \mu_0 + \mu T \tag{5-45}$$

$$\sigma_{W_T}^2 = \sigma_0^2 + \sigma^2 T \tag{5-46}$$

显然，根据随机过程理论，考虑磨合期磨损后，钢材料的磨损过程为一个高斯过程。

第6章

基于随机过程的磨损可靠性预测

6.1 概　述

机械设备系统由于内部的磨耗、疲劳、塑性变形等原因的出现,导致系统固有的性能改变,从而使设备损坏以至失效,这种失效即为由于磨损而产生,它是整个设备系统累积磨损的结果。在建立磨损随机过程模型的基础上,应用磨损可靠性预测的基本知识,对机械设备或零件的可靠性进行科学的预测,这对于进行产品的可靠性设计和适时的计划维护修理以及延长其使用寿命具有重要的意义。

6.2 磨损可靠性预测时常用的几个随机过程

如果一个磨损过程符合基本的磨损随机过程模型,则可以应用磨损预测基本知识进行可靠性预测。但如果设备在工作中的磨损是非均匀或非连续的,则不能用以上方法进行预测,这时可以根据其他的随机过程知识进行预测。

一个生命过程,由于先天的不足或偶然事故的发生或随年龄的老化,都有可能引起死亡,这是一个纯灭过程[159]。同样,由于系统原始的缺陷,或意外环境的恶化,或内部常年的磨损,也有可能引起一台设备系统的损坏。因此,设备系统因磨损而失效的过程即是一个纯灭过程(包括时齐纯灭过程和非时齐纯灭过程)。同时根据随机过程知识可知,一般描述设备系统失效过程的随机过程模型还有更新过程,以及时齐泊松过程与非时齐泊松过程。

6.2.1 泊松过程与纯灭过程

随机过程 $\{X(t); t \in [0, \infty)\}$ 是一族随机变量,描述服从概率规律的一个实

119

际过程。其中的参数 t 是一个实数,随机变量 $X(t)$ 可以是一个实数也可以是一个虚数,二者都可能取离散值或连续值两种形式。在设备磨损可靠性预测中,表示时间的 t 是个连续参数,而随机变量 $X(t)$ 则在一个离散集合上取值,对于模型的研究,概率分布可表示为

$$P_k(t) = P_r(t)\{X(t) = k\}, \quad k = 0, 1, \cdots \tag{6-1}$$

泊松过程是用来描述设备故障模型的一个基本模型。泊松过程的特征是在特定时刻的发生是否独立于时间,也独立于已经发生的次数。其基本假设为

(1) 对于任意 $t \geq 0$,事件将在时间区间 $(t, t+\Delta t)$ 内发生的概率为 $\lambda \Delta t + o(\Delta t)$,其中,常数 λ 不依赖于 t,也不依赖于 $(0, t)$ 内事件已经发生的次数。

(2) 在 $(t, t+\Delta t)$ 内事件发生次数多于 1 次的概率为 $o(\Delta t)$。因而在 $(t, t+\Delta t)$ 内事件不发生的概率为 $1 - \lambda \Delta t - o(\Delta t)$[160]。

设 $X(t)$ 为在时间区间 $(0, t)$ 内事件发生的总次数,把区间 $(0, t)$ 延伸到 $t+\Delta t$,根据以上假设,将所有事件及发生的可能放在一起考虑,并进行相应的处理后可以得出。

当 $k \geq 1$ 时,有

$$p_k(t+\Delta t) = p_k(t)(1-\lambda \Delta t) + p_k(t)\lambda \Delta t + o(\Delta t) \tag{6-2}$$

当 $k = 0$ 时,有

$$p_0(t+\Delta t) = p_0(t)(1-\lambda \Delta t) + o(\Delta t) \tag{6-3}$$

对以上式(6-2)和式(6-3)做变换并取 $\Delta t \to 0$ 时的极限,可以推导出概率分布满足以下微分方程:

$$\frac{\mathrm{d}}{\mathrm{d}t}p_k(t) = -\lambda p_k(t) + \lambda p_{k-1}(t), \quad k \geq 1 \tag{6-4}$$

$$\frac{\mathrm{d}}{\mathrm{d}t}p_0(t) = -\lambda p_0(t) \tag{6-5}$$

求解的初始条件为

$$p_0(0) = 1, \quad p_k(0) = 0, \quad k \geq 1 \tag{6-6}$$

求解得出:

$$p_k(t) = \frac{\mathrm{e}^{-\lambda t}(\lambda t)^k}{k!}, \quad k = 0, 1, \cdots \tag{6-7}$$

由式(6-7)可知,在时间区间 $(0, t)$ 内事件发生的总次数概率服从参数为 λt 的泊松分布。

设 $X(t)$ 为在时间 $(0, t)$ 内事件发生的总次数,在纯灭亡过程中,$X(t)$ 由于

一个"事件"的发生而递减。假设在 $t=0$ 时存活的一组个体的每一个成员独立地遭遇到相同的死亡风险,同时将 t 解释为年龄。设在年龄 t 时存活的一个个体将死于区间 $(t,t+\Delta t)$ 的概率为 $\mu(t)\Delta t+o(\Delta t)$,$\mu(t)$ 为死亡率。如果在年龄 t,$X(t)=k$ 个个体独立地遭遇死亡率 $\mu(t)$,则在 $(t,t+\Delta t)$ 内发生一个死亡者的概率是 $k\mu(t)\Delta t+o(\Delta t)$,发生两个或多个死亡者的概率为 $o(\Delta t)$,而无死亡者的概率为 $1-k\mu(t)\Delta t+o(\Delta t)$。则可以得出概率 $p_k(t)$ 满足微分方程

$$\frac{\mathrm{d}}{\mathrm{d}t}p_k(t)=-\mu(t)p_k(t)+\mu(t)p_{k+1}(t), \quad k<i \tag{6-8}$$

和

$$\frac{\mathrm{d}}{\mathrm{d}t}p_i(t)=-\mu(t)p_i(t), \quad k=i \tag{6-9}$$

$X(0)=i$ 是 $t=0$ 时存在的个数,因此初始条件为:$p_i(0)=1$;$p_k(0)=0,k\neq i$。同理,可以求得其解为

$$p_k(t)=p_r\{X(t)=k\,|\,X(0)=i\}$$
$$=\binom{i}{k}\mathrm{e}^{-k\int_0^t\mu(\tau)\mathrm{d}\tau}\left[1-\mathrm{e}^{-k\int_0^t\mu(\tau)\mathrm{d}\tau}\right]^{i-k}, \quad k=0,1,\cdots,i \tag{6-10}$$

6.2.2　更新过程

在许多的实际问题中,事件一旦发生,过程便重新开始,以至每次事件 E 发生以后的试验序列在随机规律上是"重复"的。基于这一重复的概念,更新过程(RP)的理论将更新时间 $t_1,t_2,\cdots$ 处理为独立同分布随机变量,这将大大简化随机变量序列 $\{t_r\}$ 的分析。如 E 发生 r 次所需的时间是 r 个独立同分布(r.r.d)随机变量之和,即

$$T_r=t_1+t_2+\cdots+t_r \tag{6-11}$$

很显然,$\{T_r\}$ 和 $\{t_r\}$ 都是随机过程。例如,一个机械零件因为磨损发生故障后需要换一个新的,假设两次故障之间的更新时间 $t_1,t_2,\cdots$ 是独立同分布随机变量,序列 $\{t_r\}$ 形成一个连续更新过程,如果每个新换零件的寿命具有相同的概率密度函数 $f(\tau)$,则第 r 个零件在区间 $(0,\tau)$ 内失效的概率为

$$F(\tau)=P_r\{t_r\leqslant\tau\}=\int_0^\tau f_r(x)\mathrm{d}x \tag{6-12}$$

同理,有

$$f(\tau)\mathrm{d}\tau=P_r\{\tau\leqslant t_r\leqslant\tau+\mathrm{d}\tau\}, \quad r=1,2,\cdots \tag{6-13}$$

表示第 r 个零件在区间 $(\tau,\tau+\mathrm{d}\tau)$ 内首次损坏的概率。

以上讨论是针对更新所需的时间长度,更新过程另一个重要方面是给定时

间区间$(0,t)$,而更新次数$N(t)$是一个随机变量,因此更新过程还可以表述为:

设$\{X_n, n=1,2,\cdots\}$是一列非负独立随机变量,令$S_0=0$,$S_n=\sum_{k=0}^{n}X_k$,$N_t=\max\{n;$ $S_n \leqslant t\}$,$t \geqslant 0$,则称$\{N_t, t \geqslant 0\}$是更新过程,S_n为第n个更新时刻,X_n为第n个更新间距,$n=1,2,\cdots$。因为N_t由$\{X_n, n=1,2,\cdots\}$决定,有时也称$\{X_n, n=1, 2,\cdots\}$为更新过程,而称$\{N_t, t \geqslant 0\}$为更新计数过程。

更新过程$\{N_t, t \geqslant 0\}$的状态空间$I=\{0,1,2,\cdots\}$,事件$\{N_t=n\}$的概率为

$$P(N_t=n)=P(N_t \geqslant n)-P(N_t \geqslant n+1)$$
$$=P(S_t \leqslant t)-P(S_{t+1} \leqslant t) \tag{6-14}$$
$$=F_n(t)-F_{n+1}(t)$$

式中:$F_n(t)=P(S_n \leqslant t)=F*F*\cdots*F$为$X_1$的分布函数$F$的$n$重卷积。

设$\{N_t, t \geqslant 0\}$是更新过程,则$m(t)=EN_t$为$\{N_t, t \geqslant 0\}$的更新函数,即

$$m(t)=\sum_{n=1}^{\infty}F_n(t) \tag{6-15}$$

式中:$F_n(t)$为$S_n=X_1+X_2+\cdots+X_n$的分布函数。

6.2.3 时齐泊松过程和非时齐泊松过程

结合更新过程,如果事件发生的时间间隔序列服从参数为λ的泊松分布,则该过程又可以称为时齐泊松过程(HP)。同样,如果考查的是一定时间内发生的次数$\{N_t, t \geqslant 0\}$,则又可以有如下定义[156]。

满足如下3条的随机过程$\{N_t, t \geqslant 0\}$是HP:

(1) $N_0=0$。

(2) N_t具有独立增量,即对任意n及不相交的区间$(a_i, b_i](i=1,2,\cdots,n)$、$N(b_i)-N(a_i)(i=1,2,\cdots,n)$互相独立。

(3) 对任意的$0 \leqslant t < s$,$N(s)-N(t)$为参数$\lambda(s-t)$的泊松分布,即

$$P\{N(s)-N(t)=k\}=\frac{[\lambda(s-t)]^k}{k!}\exp\{-\lambda(s-t)\}, \quad k=0,1\cdots \tag{6-16}$$

根据HP过程的定义可知,如果系统的故障时间间隔为一个HP过程,则其相邻故障间隔服从参数为λ的指数分布,分布函数为

$$F(t)=1-e^{-\lambda}, \quad t \geqslant 0 \tag{6-17}$$

参数λ的含义为单位时间内的平均故障数,如果记$N(t)=(0,t]$为系统故障次数,则

$$\lambda=\frac{1}{t}EN(t) \tag{6-18}$$

泊松过程中无论是考虑时间序列过程$\{t_i\}$,还是更新计数过程$\{N_t, t \geqslant 0\}$,

当其过程中参数 λ 不为常值时,这时的泊松过程称为非时齐泊松过程(NHP)。它也是泊松过程的推广,如时变泊松过程就是一种,该过程用时间的函数 $\lambda(t)$ 取代常数 λ,这时事件发生总次数的概率为

$$p_k(t) = \frac{\exp\left[-\int_0^t \lambda(\tau)\mathrm{d}\tau\right]\left[\lambda(\tau)\mathrm{d}\tau\right]^k}{k!} \quad (6-19)$$

期望值为

$$E[X(t)] = \int_0^t \lambda(\tau)\mathrm{d}\tau \quad (6-20)$$

则 $\{N_t, t \geq 0\}$ 称作一个 NHP,若满足 HP 定义中的(1)、(2)及(3),对于任意的 $0 \leq t < s$,在 (t,s) 中故障数 $N(s)-N(t)$ 有参数 $\Lambda(t,s) = \int_t^s \lambda(\mu)\mathrm{d}\mu$ 的泊松分布为

$$P\{N(s)-N(t)=k\} = \frac{[\Lambda(t,s)]^k}{k!}\exp\{-\Lambda(t,s)\}, \quad k=0,1\cdots \quad (6-21)$$

$\lambda(\mu)$ 是一个非负函数,称作强度函数,并记 $\Lambda(t) = \int_0^t \lambda(\mu)\mathrm{d}\mu$ 为累积强度函数。很显然,对于 NHP,在 $(0,t]$ 中平均故障数为 $EN(t) = \Lambda(t)$。

NHP 常用的类型有以下两种。

(1) 若 $N(t)$ 有强度函数。

$$\lambda(t) = \lambda\beta t^{\beta-1}, \quad t \geq 0; \lambda, \beta \geq 0 \quad (6-22)$$

则把 $N(t)$ 称为韦布尔过程,此时累计强度函数为

$$\Lambda(t) = \lambda t^\beta, \quad t \geq 0 \quad (6-23)$$

对韦布尔过程:$0 < \beta < 1$ 时,相邻故障间隔呈现变大趋势;$\beta > 1$ 时,呈现变小趋势;$\beta = 1$ 时即为 HP。

(2) 特殊 NHP 有强度函数。

$$\lambda(t) = \exp(\alpha+\beta t), \quad t \geq 0 \quad (6-24)$$

式中:α、β 是任意实参数,此时累积强度函数为

$$\Lambda(t) = \frac{e^\alpha}{\beta}(e^{\beta t}-1) \quad (6-25)$$

很明显:$\beta = 0$ 时即为 HP;$\beta < 0$ 时,反应相邻故障间隔有变大的趋势;$\beta > 0$ 时,呈现变小趋势。

6.3　基于随机过程的磨损可靠性预测

机械设备因磨损而失效的过程是一个系统的强度因内部的磨损随时间而

减少的过程,如果给定系统的许用磨损量 $W_{\max}$,则一旦系统在时刻 t 时出现故障或失效,其累积磨损量 W_t 必大于或等于许用磨损量 $W_{\max}$。

6.3.1 连续均匀磨损下的可靠性预测

如果机械设备系统强度衰减的过程是连续且平稳的,就意味着磨损速度是均匀的,这种情况符合磨损基本过程,所以可以应用建立的磨损随机过程的基本模型进行可靠性的预测。一般情况下都将由大量微观因素引起的噪声项假设为正态白噪声,这样所产生的累积磨损随机过程便为具有偏移系数(平均磨损率)的维纳过程。分析可知,当零件或系统的累积磨损量超过其许用磨损量时,零件即为失效。分许用磨损量 $W_{\max}$ 为一个常值或一个随机变量两种情况进行讨论。

当许用磨损量为一个常值时,如果假定噪声项的谱密度为 $\sigma^2/2$(即维纳过程的过程强度为 σ^2),根据磨损随机过程,累积磨损随机过程的概率密度函数 $f(W,t)$ 可由福克-普朗克-柯尔莫哥洛夫(Fokker Planck Kolmogorov,FPK)方程确定[161]:

$$\frac{\partial f(W,t)}{\partial t} = -\mu \frac{\partial f(W,t)}{\partial W} + \frac{\sigma^2}{2} \frac{\partial^2 f(W,t)}{\partial W^2} \qquad (6\text{-}26)$$

假设给定的许用磨损量为 $W_{\max}$,则边界条件为

$$\begin{cases} f(W,0) = \delta(W) \\ f(W_{\max},t) = 0 \end{cases} \qquad (6\text{-}27)$$

在 $W=0$ 处为自由边界条件。则概率密度函数为

$$f(W,t) = \frac{1}{\sqrt{2\pi t}\,\sigma} \left\{ \exp\left[-\frac{(W-\mu t)^2}{2\sigma^2 t} \right] - \exp\left[\frac{2\mu W_{\max}}{\sigma^2} - \frac{(W-2W_{\max}-\mu t)^2}{2\sigma^2 t} \right] \right\}$$

$$(6\text{-}28)$$

式中:μ 为磨损率均值;σ^2 为过程强度;$\delta(W)$ 为狄拉克(δ)函数。

在一定的磨损时间 T 下 W 的均值和方差分别为

$$\mu_{W_T} = \int_{-\infty}^{+\infty} W f(W,T)\,\mathrm{d}W = \mu T - \exp\left(-\frac{2\mu W_{\max}}{\sigma^2} \right)(2W_{\max} + \mu T) \quad (6\text{-}29)$$

$$\sigma_{W_T}^2 = \int_{-\infty}^{+\infty} W(W-\mu_{W_T})^2 f(W,T)\,\mathrm{d}W = \sigma^2 T - \exp\left(-\frac{2\mu W_{\max}}{\sigma^2} \right)\sigma^2 T$$

$$(6\text{-}30)$$

根据磨损可靠性预测,可求得零件的耐磨损可靠度为

$$R = \int_{-\infty}^{W_{\max}} \frac{1}{\sqrt{2\pi\sigma^2 t}} \left\{ \exp\left[\frac{(W-\mu t)^2}{2\sigma^2 t}\right] - \exp\left[-\frac{2\mu W_{\max}}{\sigma^2} - \frac{(W-2W_{\max}-\mu t)^2}{2\sigma^2 t}\right] \right\} \mathrm{d}W$$

$$\approx \Phi\left(\frac{W_{\max}-\mu t}{\sigma\sqrt{t}}\right) - \exp\left(-\frac{2\mu W_{\max}}{\sigma^2}\right) + \exp\left(-\frac{2\mu W_{\max}}{\sigma^2}\right)\Phi\left(\frac{W_{\max}+\mu t}{\sigma\sqrt{t}}\right)$$

$$(6-31)$$

当磨损过程的随机噪声项为非正态白噪声时,即许用磨损量为一个随机变量时,其可靠性具有模糊性的特征,通过引入功能函数以及确定隶属函数后,根据磨损随机过程基本模型计算磨损可靠度。

$W_{\max}$表示零件许用磨损量,并设$W_{\max} \sim N(\mu_{W_{\max}}, \sigma_{W_{\max}}^2)$,若对一确定的时间$T$,累积磨损量的分布为$W_T : N(\mu_{W_T}, \sigma_{W_T}^2)$,隶属函数为$\mu_{\mathrm{s}}(W)$,建立功能函数为

$$Z = g(W_{\max}, W_T) = W_{\max} - W_T \qquad (6-32)$$

则零件的模糊随机失效率可表示为

$$P_{f\%} = \int_{-\infty}^{a} \mu_{f\%}(Z_T) f(Z_T) \mathrm{d}Z_T$$

$$= \int_{-\infty}^{a} \left\{ 1 - \exp\left[-\left(\frac{Z_T-a}{k}\right)^2\right] \right\} (\sqrt{2\pi}\sigma_{Z_T})^{-1} \exp\left[-\frac{(Z_T-\mu_{Z_T})^2}{2\sigma_{Z_T}^2}\right] \mathrm{d}Z_T$$

$$(6-33)$$

许用磨损量的参数分布由设计者给定,隶属函数以及其中的参数值通常由经验选定,累积磨损量的分布可以根据概率密度函数求得。根据式(6-30)求得一定磨损时间T下累积磨损量的分布参数为

$$\mu_{W_T} = \int_{-\infty}^{+\infty} W f(W, T) \mathrm{d}W = \mu T \qquad (6-34)$$

$$\sigma_{W_T}^2 = \int_{-\infty}^{+\infty} W(W-\mu_{W_T})^2 f(W, T) \mathrm{d}W = \sigma^2 T \qquad (6-35)$$

则一定磨损时间下功能函数中状态变量Z_T的参数为

$$\mu_{Z_T} = \mu_{W_{\max}} - \mu_{W_T} = \mu_{W_{\max}} - \mu T \qquad (6-36)$$

$$\sigma_{Z_T}^2 = \sigma_{W_{\max}}^2 - \sigma_{W_T}^2 = \sigma_{W_{\max}}^2 - \sigma^2 T \qquad (6-37)$$

通过磨损基本过程模型来进行可靠性预测与通过确定一定时间下的磨损量分布来计算磨损可靠性的方法基本类似,只是在参数σ^2上有区别。前者代表的是过程的强度,包含了几个主要因素的随机性以及其他微观因素的共同影响,后者则没有考虑微观因素的影响。

6.3.2　连续非均匀磨损下的可靠性预测

如果机械设备的磨损是连续但非均匀的,则磨损速度为时间的函数,这

种情形下,系统强度的减少也是非均匀的,由随机过程理论,系统的这一磨损过程为非齐次的纯灭过程。因此不能应用随机过程的基本模型进行可靠性预测。

由纯灭过程可知,如果系统的失效率为 $\mu(t)$,则在时间 (t,dt) 内强度减少一个单位的概率可以表示为 $\mu(t)dt$,而系统在时间 t 时强度为 W 的概率为

$$P(W,t) = P[W_0 - W(t) = W] \tag{6-38}$$

对于一个机械设备系统或零件,其初始强度由系统的许用磨损量决定,而 t 时强度为 W 的概率由许用磨损量与实际累积磨损量共同决定。取许用磨损量 $W_{\max}$,系统的初始强度为 W_0,由此,求解方程(6-38)的初始条件为

$$\begin{cases} P(W_0,0) = 1, & W = W_0 \\ P(W,0) = 0, & \text{其他} \end{cases} \tag{6-39}$$

概率 $P(W,t)$ 应满足:

$$\frac{dP(W_0,t)}{dt} = -\mu(t)P(W_0,t), \quad W = W_0 \tag{6-40}$$

$$\frac{dP(W,t)}{dt} = -\mu(t)P(W,t) + \mu(t)P(W+1,t), \quad W = 1,2,\cdots,W_0-1 \tag{6-41}$$

$$\frac{dP(0,t)}{dt} = -\mu(t)P(1,t), \quad W = 0 \tag{6-42}$$

根据概率生成函数理论,泊松分布的概率生成函数为

$$G_X(s;t) = e^{-\lambda t(1-s)} \tag{6-43}$$

如果用 $\mu(t)$ 代替 λ,式(6-43)变为

$$\partial \log G_X(s;t) = -\mu(t)(1-s)\partial t \tag{6-44}$$

可得概率生成函数为

$$G_X(s;t) = \exp\left\{ -\left[(1-s)\int_0^t \mu(\tau)d\tau \right] \right\} \tag{6-45}$$

概率为

$$P(W,t) = \frac{\left[\int_0^t \mu(\tau)d\tau \right]^{W_0-W}}{(W_0-W)!} e^{-\int_0^t \mu(\tau)d\tau}, \quad W = 1,2,\cdots,W_0 \tag{6-46}$$

可求得概率 $P(0,t)$ 为

$$P(0,t) = \int_0^t \frac{\mu(W)\left[\int_0^W \mu(x)dx \right]^{W_0-1}}{(W_0-1)!} e^{-\int_0^W \mu(x)dx} dW \tag{6-47}$$

如果设系统从其运行开始,直到第一次发生故障所经历的时间为 ξ,则 ξ 为一个随机变量,其密度函数 $f_\xi(t)$ $(0 \le t \le \infty)$ 称为系统的故障密度函数。而由纯

灭过程可知,$f_\xi(t)\mathrm{d}t$ 为该系统在区间 $(t,t+\mathrm{d}t)$ 中遭到破坏的概率。而 ξ 的累计分布函数 $F_\xi(t)$,$0\leqslant t\leqslant\infty$ 称为系统的寿命分布,其含义为系统从开始运行直到某时刻发生故障的概率。由此,系统的可靠性函数为

$$G_\xi(t)=P(\xi>t)=1-F_\xi(t)=\int_t^\infty f_\xi(W)\mathrm{d}W \tag{6-48}$$

系统的平均故障时间为

$$E(\xi)=\int_0^\infty Wf_\xi(W)\mathrm{d}W=\int_0^\infty G_\xi(W)\mathrm{d}W \tag{6-49}$$

均匀磨损系统的寿命函数为

$$F_\xi(t)=P(\xi\leqslant t)=P[W(t)\geqslant W_0]=P(0,t) \tag{6-50}$$

故障密度函数为

$$f_\xi(t)=P'(0,t)=\frac{\mu(t)\left[\int_0^t\mu(W)\mathrm{d}W\right]^{W_0-1}}{(W_0-1)!}\mathrm{e}^{-\int_0^t\mu(W)\mathrm{d}W} \tag{6-51}$$

系统的可靠性函数为

$$G_\xi(t)=\int_t^\infty\frac{\mu(W)\left[\int_0^W\mu(x)\mathrm{d}x\right]^{W_0-1}}{(W_0-1)!}\mathrm{e}^{-\int_0^W\mu(x)\mathrm{d}x} \tag{6-52}$$

系统平均故障时间为

$$\begin{aligned}E(\xi)&=\int_0^\infty Wf_\xi(W)\mathrm{d}W\\&=\int_0^\infty W\frac{\mu(W)\left[\int_0^W\mu(x)\mathrm{d}x\right]^{W_0-1}}{(W_0-1)!}\mathrm{e}^{-\int_0^W\mu(x)\mathrm{d}x}\mathrm{d}W\end{aligned} \tag{6-53}$$

6.3.3　非连续磨损下的可靠性预测

非连续磨损是指磨损时间间隔以及每一次的磨损量都为一个随机变量,假设其均为独立同分布的随机变量。因此可以用更新过程来进行描述。记每一次磨损为一个事件,磨损时间为 τ_i,磨损量为 w_i,概率密度函数分别为 $f_\tau(t)$ 和 $\varphi_w(t)$,根据更新过程,每一次磨损的时间间隔序列 $\{t_r\}$ 或者一定时间内磨损事件的次数 $N(t)$ 为一个随机过程。对于某些类型的设备,如铲车、挖掘机等,其工作过程以及失效过程都具有这些特点。对于 $i=1,2,\cdots$ 和 $t\geqslant0$,设在 $(0,t]$ 内系统磨损的总次数为 $N(t)$,则累积磨损量为

$$W(t)=w_1+w_2+\cdots+w_{N(t)},\quad N(t)=1,2,\cdots \tag{6-54}$$

显然,$N(t)=0$ 时,$W(t)=0$。

同时根据假设,在 $(0,t]$ 内磨损总时间为

$$t_{N(t)} = \tau_1 + \tau_2 + \cdots + \tau_{N(t)} \tag{6-55}$$

若 $\tau_1, \tau_2, \cdots$ 及 $w_1, w_2, \cdots$ 均为独立同分布的变量,则随机变量序列 $\{\tau_i\}$ 和 $\{w_i\}$ 都是更新过程,同样 $t_{N(t)}$ 和 $W(t)$ 也为一随机过程。根据随机过程理论,建立以上问题的数学模型需要用到卷积的定理。

设 $X_1, X_2, \cdots, X_n$ 是独立整数随机变量,分别具有概率分布 $\{p_{k1}\}$, $\{p_{k2}\}$, $\cdots$, $\{p_{kn}\}$ 概率生成函数 $g_{1s}, g_{2s}, \cdots, g_{ns}$ 和 $Z_n = X_1 + X_2 + \cdots + X_n$。则 Z_n 的概率分布序列 $\{r_k\}$ 是 $\{p_{k1}\}$, $\{p_{k2}\}$, $\cdots$, $\{p_{kn}\}$ 的卷积,Z_n 的概率生成函数是 $g_1(s), g_2(s), \cdots, g_n(s)$ 的乘积,即

$$G_{Z_n(s)} = g_1(s) g_2(s) \cdots g_n(s) \tag{6-56}$$

其推论为:设 $X_1, X_2, \cdots, X_n$ 是独立同分布的随机变量,分别具有概率分布 $\{p_k\}$ 和概率生成函数 $g(s)$,则和式 $Z_n = X_1 + X_2 + \cdots + X_n$ 的概率分布序列 $\{r_k\}$ 是 $\{p_k\}$ 自身的 n 次卷积,即为

$$\{r_k\} = \{p_k\}^{n*} \tag{6-57}$$

Z_n 的概率生成函数是 $g(s)$ 的 n 次方:

$$G_{Z_n(s)} = [g(s)]^n \tag{6-58}$$

累积磨损量 $W(t)$ 的概率密度函数为

$$f_{W(t)}(W) = \sum_{n=1}^{\infty} \varphi_w^{n*}(W) P[N(t) = n] \tag{6-59}$$

$W(t)$ 的分布函数为

$$F_{W(t)}(W) = \int f_{W(t)}(W) \, \mathrm{d}W \tag{6-60}$$

并且有

$$F_{W(t)}(0) = P[N(t) = 0] \tag{6-61}$$

因为 $\{\tau_i\}$ 和 $\{w_i\}$ 都为更新过程,依据式(6-12)和式(6-14)有

$$\begin{aligned}
P[N(t) = n] &= P(T_n \geqslant t) - P(T_{n+1} \leqslant t) \\
&= \int_0^t f_{T_n}(r) \, \mathrm{d}r - \int_0^t f_{T_{n+1}}(r) \, \mathrm{d}r \\
&= F_{T_n}(t) - F_{T_{n+1}}(t) \\
&= \int_0^t f_\tau^{n*}(r) \, \mathrm{d}r - \int_0^t f_\tau^{(n+1)*}(r) \, \mathrm{d}r, \quad n = 1, 2, \cdots
\end{aligned} \tag{6-62}$$

和

$$P[N(t) = 0] = 1 - P(\tau_1 \leqslant t) = 1 - \int_0^t f(r) \, \mathrm{d}r \tag{6-63}$$

故有

$$f_{W(t)}(W) = \sum_{n=1}^{\infty} \varphi_w^{n*}(W) \int_0^t f_\tau^{n*}(r)\,\mathrm{d}r - \int_0^t f_\tau^{(n+1)*}(r)\,\mathrm{d}r \qquad (6\text{-}64)$$

当系统的许用磨损量为 $W_{\max}$，累积磨损量为 $W(t)$ 时，系统的寿命函数为

$$F_\xi(t) = P(\xi \leqslant t) = P(W(t) \geqslant W_{\max}) \qquad (6\text{-}65)$$

可靠性函数为

$$\begin{aligned}
G_\xi(t) &= P(\xi > t) \\
&= P(W(t) < W_{\max}) \\
&= F_{W(t)}(0) + \int_0^{W_{\max}} f_{W(t)}(W)\,\mathrm{d}W \\
&= 1 - \int_0^t f_\tau(r)\,\mathrm{d}r + \int_0^{W_{\max}} \sum_{n=1}^{\infty} \varphi_w^{n*}(W) \left[\int_0^t f_\tau^{n*}(r)\,\mathrm{d}r - \int_0^t f_\tau^{(n+1)*}(r)\,\mathrm{d}r \right] \mathrm{d}W
\end{aligned}$$
$$(6\text{-}66)$$

根据拉普拉斯变换积分定理，设

$$L[f(t)] = F(s) \qquad (6\text{-}67)$$

则

$$L\left[\int f(t)\,\mathrm{d}t\right] = \frac{1}{s}F(s) + \frac{1}{s}f^{-1}(0) \qquad (6\text{-}68)$$

当初始条件为 0 时，有

$$L\left[\int f(t)\,\mathrm{d}t\right] = \frac{1}{s}F(s) \qquad (6\text{-}69)$$

对式 (6-66) 进行拉普拉斯变换有

$$G_\xi(s) = \frac{1}{s} - \frac{1}{s}F_\tau(s) + \frac{1}{s}\int_0^{W_{\max}} \sum_{n=1}^{\infty} \varphi_w^{n*}(W)\left[F_\tau^{n*}(s) - F_\tau^{(n+1)*}(s)\right]\mathrm{d}W$$
$$(6\text{-}70)$$

根据一个函数的 n 重卷积的拉普拉斯变换等于该函数的卷积的 n 次幂的性质，最后可求得可靠性函数为

$$G_\xi(s) = \frac{1}{s}\left[1 - F_r(s)\right]\left\{ 1 + \int_0^{W_{\max}} \sum_{n=1}^{\infty} \varphi_w^{n*}(W)\left[f_\tau^{n*}(s)\right]^n \mathrm{d}W \right\} \qquad (6\text{-}71)$$

平均故障时间为

$$\begin{aligned}
E(\xi) &= \int_0^{\infty} f_{W(t)}(W)\,\mathrm{d}W \\
&= \int_0^{\infty} W \sum_{n=1}^{\infty} \varphi_w^{n*}(W)\left[\int_0^t f_\tau^{n*}(r)\,\mathrm{d}r - \int_0^t f_\tau^{(n+1)*}(r)\,\mathrm{d}r\right]\mathrm{d}W
\end{aligned}$$
$$(6\text{-}72)$$

6.4 可修复系统的磨损可靠性预测

大型设备中一些关键的零件在因磨损而失效后需要重新维修或者更换新的零件,如果在更新后设备能恢复正常的工作,这样的系统即为可修复系统。通过掌握设备中一些关键零部件的磨损失效模型,可以判断零部件的设计质量以及系统的工作状况,对系统进行早期诊断也具有指导意义。

由随机过程可知,描述系统中零件失效的随机过程模型有更新过程、时齐泊松过程与非时齐泊松过程。如果相邻失效时间(或磨损量)是独立同分布,那么,可用更新过程模型描述[156];倘若能进一步验证它服从参数为 λ 的指数分布,则可用时齐泊松过程模型描述;如果相邻失效时间(或磨损量)呈某种趋势时,则可用非时齐泊松过程描述。

现以齿轮点蚀失效的试验为例,通过研究齿轮点蚀失效时间(或磨损量)的模型,可以对该设备系统进行可靠性的预测。即经过检验,如果模型为更新或时齐泊松过程,系统工作正常,为可修系统。如果经过检验为非时齐泊松过程,则系统要么为磨合阶段(磨损速度降低),要么已经需要维护或修理(磨损速度增加)。

根据表 2-8 所列的试验结果,齿轮故障间隔观察值 $x_1, \cdots, x_n (n=13)$ 依次为 609453, 693281, 565434, 659482, 623444, 690215, 714500, 614976, 736424, 616071, 706178, 704742, 614733。

$N(t) = (0, t]$ 中系统故障次数为

$$t_i = \sum_{j=1}^{i} x_j, \quad i = 0, 1, \cdots, n; t_0 = 0 \tag{6-73}$$

图 6-1 所示为齿轮累积故障数 $(t_i, N(t_i))$ 图。可以看出,数据连线基本呈直线,可以判断齿轮系统的随机过程模型可能为更新过程或时齐泊松过程,即更换备件后,系统可恢复如新。

(1) 趋势检验。

取 $\alpha = 0.05$,则 $z_{0.025} = 1.96$,令

$$K = \sum_{1 \leq i \leq j \leq n} c(x_j - x_i) \tag{6-74}$$

式中: $c(x) = \begin{cases} 1, & x > 0 \\ 0, & x = 0 \\ -1, & x < 0 \end{cases}$ 。

根据观察值计算得 $K = 10-3+10+1+2+1-4+3-4+1-2-1 = 14$,则

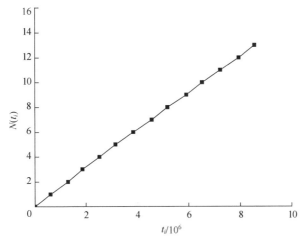

图 6-1　齿轮累积故障数($t_i, N_{(t_i)}$)图

$$K^* = \cfrac{K}{\sqrt{\cfrac{1}{18}n(n-1)(2n+5)}} = 0.0521 < z_{0.025} = 1.96$$

接受 H_0,即齿轮寿命没有变大或者变小的趋势。

(2) 时齐泊松过程检验。

在已知第 n 个故障发生的时刻 $T_n = t$ 的条件下,前 $n-1$ 个故障发生时刻 T_1,$T_2, \cdots, T_{n-1}$ 与 $(0,t)$ 上独立均匀分布的随机变量 $U_1, U_2, \cdots, U_{n-1}$ 的顺序量 $U_1 \leqslant U_2 \leqslant \cdots \leqslant U_{n-1}$ 有相同的分布。即在 $T_n = t$ 下,$T_1, T_2, \cdots, T_{n-1}$ 的联合密度为

$$f(t_1, t_2, \cdots, t_{n-1} \mid T_n = t) = \frac{(n-1)!}{t^{n-1}}, \quad 0 \leqslant t_1 \leqslant t_2 \leqslant \cdots \leqslant t_{n-1} \leqslant t \quad (6-75)$$

当观察数量 n 固定时,按时序记录的故障间隔为 $X_1, X_2, \cdots, X_n$。

第 i 次故障的时刻为

$$T_i = \sum_{j=1}^{i} X_j, \quad i = 1, 2, \cdots, n \quad (6-76)$$

则 $\sqrt{12(n-1)}\left[\dfrac{1}{(n-1)T_n}\displaystyle\sum_{i=1}^{n-1} T_i - 0.5\right]$ 渐近 $N(0,1)$。由此,由表 2-8 的一组观察值 $x_1, x_2, \cdots, x_n$ 以及 $t_i = \displaystyle\sum_{j=1}^{i} x_j (i = 1, 2, \cdots, n)$ 可知,若满足

$$\left| \sqrt{12(n-1)}\left[\frac{1}{(n-1)t_n}\sum_{i=1}^{n-1} t_i - 0.5\right] \right| \geqslant z_{\frac{\alpha}{2}} \quad (6-77)$$

则在 α 水平上拒绝 H_0。

取 $\alpha = 0.05$，则 $z_{0.025} = 1.96$，得到

$$\left| \sqrt{12(n-1)} \left[\frac{1}{(n-1)t_n} \sum_{i=1}^{n-1} t_i - 0.5 \right] \right| = 1.2745 \leqslant 1.96 = z_{\frac{\alpha}{2}}$$

故接受 H_0。所以齿轮统的失效随机过程模型为时齐泊松过程,分布参数为

$$\lambda = \frac{1}{t} EN(t) = \frac{13}{657610} = 1.977 \times 10^{-5}$$

通过齿轮试验数据磨损可靠性分析,可知齿轮点蚀磨损符合随机过程的对齐泊松过程,证明对齐泊松过程可有效完成齿轮磨损的可靠性预测。

参 考 文 献

[1] B 布尚. 摩擦学导论[M]. 葛世荣,译. 北京:机械工业出版社,2007.

[2] 温诗铸,黄平. 摩擦学原理[M]. 北京:清华大学出版社,2012.

[3] 侯文英. 摩擦磨损与润滑[M]. 北京:机械工业出版社,2013.

[4] 谢友柏. 摩擦学科学与工程前沿[M]. 北京:高等教育出版社,2005.

[5] 周仲荣. 摩擦学发展前沿[M]. 北京:科学出版社,2006.

[6] 克拉盖尔斯基 И B,陀贝钦 M H,康巴洛夫 B C. 摩擦磨损计算原理[M]. 汪一麟,米
     安仁,范明德,译. 北京:机械工业出版社,1982.

[7] 孙志礼,陈良玉. 实用机械可靠性设计理论与方法[M]. 北京:科学出版社,2003.

[8] 谢里阳,王正,周金宇. 机械可靠性基本理论与方法[M]. 北京:科学出版社,2012.

[9] 刘惟信. 机械可靠性设计[M]. 北京:清华大学出版社,1996.

[10] 徐滨士,刘世参. 表面工程新技术[M]. 北京:国防工业出版社,2002.

[11] 赵文珍. 材料表面工程导论[M]. 西安:西安交通大学出版社,1998.

[12] 刘家浚. 材料磨损原理及其耐磨性[M]. 北京:清华大学出版社,1993.

[13] 张清. 金属磨损和金属耐磨材料手册[M]. 北京:冶金工业出版社,1991.

[14] ARCHARD J F. Contact and rubbing of flat surfaces[J]. Journal of Applied Physics,1953,
      24(8):981-988.

[15] 桂长林. Archard 的磨损设计计算模型及其应用方法[J]. 润滑与密封,1990(1):
      12-21.

[16] LIU H Y,MORRIS E F. Modeling of grain-size-dependent microfracture-controlled sliding
      wear in polycrystalline alumina[J]. Journal of the American Ceramic Society,1993,76
      (9):2393-2396.

[17] YAN Y T,SUN Z L,ZHANG F H. Wear life prediction model on 38CrMoAlA alloy
      steel[J]. Advanced Materials Research,2010,118/119/120:681-685.

[18] YAN Y T,SUN Z L,ZHU T. Wear rate predication for steel based on regression analysis[J].
      Advanced Materials Research,2010,126/127/128:965-969.

[19] 王淑仁,闫玉涛,丁津原. 渐开线直齿圆柱齿轮啮合磨损试验研究[J]. 东北大学学
      报(自然科学版),2004,25(2):146-149.

[20] ZHANG Y F,SUN Z L. Wear rate prediction and analysis of metal-matrix of Ni-based
      super alloy onto cast iron by laser cladding[J]. Applied Mechanics and Materials,2009,
      16/17/18/19:1258-1262.

[21] ZHU K P,ZHANG Y. A generic tool wear model and its application to force modeling and

wear monitoring in high speed milling[J]. Mechanical Systems and Signal Processing, 2019,115:147-161.

[22] ALIXE D,FOUVRY S,GUILLONNEAU G. A tribo-oxidation abrasive wear model to quantify the wear rate of a cobalt－based alloy subjected to fretting in low－to－medium temperature conditions[J]. Tribology International,2018,125:128-140.

[23] ARNAUD P,FOUVRY S. A dynamical FEA fretting wear modeling taking into account the evolution of debris layer[J]. Wear,2018,412/413:92-108.

[24] LIM S C,ASHBY M F,BRUNTON J H. Wear-rate transitious and their relationship to wear mechanisms[J]. Acta Metallurgica. 1987,35(6):1343-1349.

[25] 杨德华,薛群基,张绪. 磨损图研究的发展现状与趋势[J]. 摩擦学学报,1995,15 (3):281-288.

[26] RIAHI A R,ALPAS A T. Wear map for grey cast iron[J]. Wear,2003,255(1/2/3/4/5/6): 401-409.

[27] HIRD J R,FIELD J E. A wear mechanism map for the diamond polishing process[J]. Wear,2005,258(1/2/3/4):18-25.

[28] GOH G K L,LIM L C,RAHMAN M,et al. Transitions in wear mechanism of alumina cutting tools[J]. Wear,1996,201(1/2):199-208.

[29] BRANDT G. Flank and crater wear mechanisms of alumina-based cutting tools when machining steel[J]. Wear,1986,112(1):39-56.

[30] 张云凤,孙志礼,张思奇,等. 激光熔覆 Ni 基高温合金粉末涂层磨损机制图[J]. 沈阳建筑大学学报,2010,26(1):184-187.

[31] MENG H C,LUDEMA K C. Wear models and predictive equations:their form and content[J]. Wear,1995,181/182/183(Part 2):443-457.

[32] LUDEMA K C. Mechanism-based modeling of friction and wear[J]. Wear,1996,200 (1/2):1-7.

[33] 谢友柏. 摩擦学的三个公理[J]. 摩擦学学报,2001,21(3):161-166.

[34] 温诗铸. 我国摩擦学研究的现状与发展[J]. 机械工程学报,2004,40(11):1-6.

[35] 张嗣伟. 关于我国摩擦学发展方向的探讨[J]. 摩擦学学报,2001,21(5):321-323.

[36] 赵春华. 基于摩擦学与动力学的摩擦学系统状态描述研究[D]. 武汉:武汉理工大学,2005.

[37] 詹玉英,罗智. 系统因磨损而引起故障的随机模型[J]. 武汉工学院学报,1994,16 (2),50-56.

[38] 闫玉涛. 航空螺旋锥齿轮失油状态下生存能力预测方法的研究[D]. 沈阳:东北大学,2009.

[39] 闫玉涛,孙志礼,王延忠. 螺旋锥齿轮乏油弹流润滑寿命预测[J]. 兵工学报,2009, 30(7):973-977.

[40] 廉巨龙. 轴承衬套材料摩擦学特性研究及预测[D]. 沈阳:东北大学,2014.

[41] 胡添琪. 高温下石墨密封材料摩擦磨损性能研究及预测[D]. 沈阳:东北大学,2012.

[42] 谢新良. 氧化铝涂层高温摩擦磨损性能研究[D]. 沈阳:东北大学,2014.

[43] 胡广伟. 基于退化数据的机床导轨磨损可靠性研究[D]. 沈阳:东北大学,2011.

[44] 张云凤. 基于随机过程的磨损可靠性预测及若干问题的研究[D]. 沈阳:东北大学,2010.

[45] 颜钟得,谢致微. 静态磨损试验数据的数理统计分析[J]. 广东工业大学学报,2007,24(1):50-52.

[46] 颜钟得,谢致微. 动态磨损试验数据的数理统计分析[J]. 广东工业大学学报,2006,23(4):110-112.

[47] 徐流杰,魏世忠,邢建东,等. 基于多次回归分析的高钒高速钢滚动磨损模型[J]. 材料热处理学报,2007,28(2):126-131.

[48] SAHIN Y. The prediction of wear resistance model for the metal matrix composites[J]. Wear,2005,258(11/12):1717-1722.

[49] STEELE C. Use of lognormal distribution for coefficients of friction and wear[J]. Relability Engineering and Syetem Safety,2008,93(10):1574-1576.

[50] 葛世荣,朱华. 摩擦学复杂系统及其问题的量化研究方法[J]. 摩擦学学报,2002,22(5):405-408.

[51] WALLBRIDGE N C,DOWSON D. Distribution of wear rate and a statistical approach to sliding wear theory [J],Wear,1987,119(3):295-312.

[52] DOWSON D,WANG F C,WANG W Z. A predictiue aralysis of long-term friction and wear characteristics of metal-on-metal total hip replacement[J]. Proceedings of the Institution of Mechanical Engineers,Part J:Journal of Engineering Tribology,2007,221 (3):367-378.

[53] BASKAR G,RAMAMOORTHY N V. Artifical neutral network:an efficient tool to simulate the profitability of state transport undertakings[J]. Transports Manage,2004,28(2):243-257.

[54] KWON Y,FISCHER G W. A novel approach to quantifying tool wear and tool life measurements for optimal tool management[J]. International Journal of Machine Tools and Manufacture,2003,43(4):359-368.

[55] SRINIVASA P P,NAGABHUSHANA T N. Tool wear estimation using resource allocation network[J]. International Journal of Machine Tools and Manufacture,2001,41(5):673-685.

[56] HUANG P T,CHEN J C,CHOU C Y. A Statistical approach in detecting tool breakage in end milling operations[J]. Journal of Industrial Technology,1999,15(3):1-7.

[57] PALANISAMY P,RAJNDRAN I,SHANMUGASUNDARAM S. Prediction of tool wear using regression and ANN models in end-milling operation[J]. International Journal of Advanced Manufacturing Technology,2008,37(1/2):29-41.

[58] 徐建生,赵源,高万振. 摩擦学系统结构寻优模型研究[J]. 润滑与密封,2001(3):10-13.

[59] 徐建生,胡家顺,赵源. 摩擦系统神经网络模型自学习训练优化方法[J]. 武汉化工

学院学报,2000,22(4):50-53.

[60] 徐建生,潘天堂,顾卡丽. 基于神经网络泛函数的摩擦学系统转化模型研究[J]. 中国机械工程,2005,16(8):731-734.

[61] 孟凡明,张优云. 基于 RBF 神经网络的气缸摩擦学系统仿真[J]. 内燃机学报,2003,21(4):261-265.

[62] 张义民. 机械可靠性漫谈[M]. 北京:科学出版社,2012.

[63] 陈立辉,宋年秀. 三种可靠性理论模型与应用[J]. 青岛建筑工程学院学报,2002,23(4):94-97.

[64] Croll S,HINDERLITER B. A framework for predicting the service lifetime of composite polymeric coatings[J]. Journal of Material Science,2008,43(20):6630-6641.

[65] BAEK S H,CHO S S,KIM H S,et al. Reliability design of preventive maintenance scheduling for cumulative fatigue damage[J]. Journal of Mechanical Science and Technology,2009,23(5):1225-1233.

[66] TAMBE N S,BHUSHAN B. Nanowear mapping:a novel atomic force microscopy based approach for studying nanoscale wear at high sliding velocities[J]. Tribology Letters,2005,20(1):83-90.

[67] LIN J L,WANG K S,YAN B H,et al. An investigation into improving worn electrode reliability in the electrical discharge machining process[J]. International Journal of Advanced Manufacturing Technology,2000,16 (2):113-119.

[68] 王世萍,朱敏波. 电子机械可靠性与维修性[M]. 北京:清华大学出版社,2000.

[69] 黄洪钟. 基于模糊失效准则的机械结构广义静强度的模糊可靠性计算理论[J]. 机械强度,2000,22(1):36-40.

[70] 黄洪钟. 基于模糊状态的机械系统可靠性理论及应用的研究[J]. 机械设计,1995(9):11-13.

[71] BAYOUMI A E,KENDALL L A. Modeling and measurement of wear of coated and uncoated high speed steel end mills [J]. Journal of Material Shaping Technology, 1988,6(1):19-29.

[72] HSU B M,SHU M H. Reliability assessment and replacement for machine tools under wear deterioration[J]. International Journal of Advanced Manufacturing Technology,2010,48(1/2/3/4):355-365.

[73] POGODAEV L I,TRETYAKOV D V. The reference model of the impact of cavitation erosion on materials[J]. Journal of Machinery Manufacture and Reliability,2009,38 (1):51-57.

[74] BAGDONAVIXIUS V,BIKELIS A,KAZAKEVICIUS V. Statistical analysis of linear degradation and failure time data with multiple failure modes[J]. Lifetime Date Analysis,2004,10(1):65-81.

[75] QIAO H Z,TSOKOS C P. Estimation of the three parameter Weibull probability distribution[J]. Mathematics and Computers in Simulation,1995,39 (1/2):173-185.

[76] ZHAO Y X,GAO Q,WANG J N. An approach for determining an appropriate assume distri-bution of fatigue life under limited data[J]. Reliability Engineering and System Safety, 2000,67(1):1-7.

[77] ASHRAF M A,SOBHI-NAJAFABADI B,GÖL Ö,et al. "Time-to-failure" prediction for a polymer-polymer swiveling joint[J]. International Journal of Advanced Manufacturing Technology,2008,39(3/4):271-278.

[78] 冯元生,冯蕴雯,吕震宙. 机构磨损可靠性分析方法研究[J]. 质量与可靠性,1999 (3):24-27.

[79] 任和,冯元生,贾少膨. 机构磨损的模糊可靠性算法研究[J]. 机械科学与技术, 1998,17(1):46-48.

[80] 赵美英,冯元生. 机构磨损可靠性高精度算法[J]. 机械强度,1998,20(1):49-52.

[81] 刘朝英. 齿轮模糊可靠度计算[J]. 吉林建筑工程学院学报,2005,22(4):42-44.

[82] 吴笑伟,刘涛. 基于齿轮传动轮齿磨损寿命的模糊可靠性计算[J]. 郑州轻工业学院学报(自然科学版),2008,23(4):44-46.

[83] 刘朝英. 轮齿磨损极限及模糊可靠度[J]. 机械传动,2005,29(4):56-57.

[84] 张世安,郭惠昕,唐黔湘. 齿轮传动耐磨损模糊可靠性分析与计算[J]. 常德师范学院学报(自然科学版),2000,12(1):73-75.

[85] 王银燕,王善. 柴油机曲柄连杆机构耐磨损可靠性分析[J]. 柴油机,1999,3:15-18.

[86] 罗荣桂. 系统因磨损而引起故障的随机模型[J]. 运筹与管理,1993(2):1-8.

[87] 赵德高. 系统多状态模糊可靠性分析[D]. 大连:大连理工大学,2005.

[88] ASHRAF M A,SOBHI-NAJAFABADI B, GÖL Ö,et al. Numerical Simulation of sliding wear for a polymer-polymer sliding contact in an automotive application[J]. International Journal of Advanced Manufacturing Technology,2009,41(11/12):1118-1129.

[89] VAURIO J K. Uncertainties and quantification of common cause failure rates and probabili-ties for system analyses[J]. Reliability Engineering and System Safety,2005,90(2/3): 186-195.

[90] KVAM P H,MILLER J G. Common cause failure prediction using data mapping[J]. Reli-ability Engineering and System Safety,2002,76(3):273-278.

[91] BILLINTON R,TANG X. Selected considerations in utilizing Monte Carlo simulation in quantitative reliability evaluation of composite power systems[J]. Electric Power Systems Research,2004,69(2/3):205-211.

[92] 郝静如,米洁. 用蒙特卡洛法计算可靠度的程序优化[J]. 机械设计与制造,1998 (1):6-8.

[93] 周剑锋,顾伯勤. 基于 Monte Carlo 法的机械密封可靠性评价方法[J]. 润滑与密封, 2006(2):102-104.

[94] 曲广福. 激光熔覆 Ni 基粉末和 Co 基粉末对比试验研究[D]. 长春:长春理工大学,2007.

[95] 付锐. 激光熔覆制备 Ni-Si 系合金涂层组织与性能研究[D]. 兰州:兰州理工大

学,2005.

[96] 胡传祈. 表面处理技术手册[M]. 北京:北京工业大学出版社,2001.

[97] 刘怀喜,闫耀辰,马润香,等. 激光熔覆 Ni 基合金的工艺和组织研究[J]. 机械工程材料,2003,27(4):33-34.

[98] SUDARSHAN T S. 表面改性技术工程师指南[M]. 范玉殿,译. 北京:清华大学出版社,1992.

[99] 陈华,宫文彪,刘睿,等. 激光熔覆镍基合金的耐磨耐蚀性研究[J]. 金属热处理,2001(3):25-27.

[100] 周秀岭. CrMo 铸铁表面激光熔覆 Ni 基高温合金粉末的磨损特性[D]. 沈阳:东北大学,2007.

[101] 陶锡麒,潘邻,夏春怀,等. 激光熔覆用钴基合金粉末的研究[J]. 材料保护,2002,35(10):28-29.

[102] 陈俐,谢长生,胡木林,等. 激光熔覆用铁基合金工艺性研究[J]. 焊接技术,2001,30(3):2-4.

[103] 黄大文,李海滨,刘玉强. 激光熔覆对 38CrMoAl 钢的表面改性[J]. 辽宁工程技术大学学报(自然科学版),2000,19(5):539-542.

[104] 查莹,周昌炽,唐西南,等. 改善激光熔覆镍基合金和陶瓷硬质相复合涂层性能的研究[J]. 中国激光,1999,26(10):947-950.

[105] 蔡振兵,朱旻昊,刘军,等. 激光熔覆 Ni60 和 Co-Cr-W 合金涂层的高温磨损特性研究[J]. 润滑与密封,2006(4):26-31.

[106] 蒋振平,田乃良. 激光熔覆含碳化钨的镍基合金[J]. 激光与红外,2004,34(3):189-191.

[107] 骆芳,陆超,姚建华. 灰口铸铁多层熔覆 Ni 基合金工艺试验与应用[J]. 应用激光,2005,25(1):35-37.

[108] 吴萍,周昌帜,唐西南. 激光熔覆镍基合金和 Ni/WC 涂层的磨损特性[J]. 金属学报,2002,38(12):1257-1260.

[109] 赵树萍. 表面工程展望及未来发展趋势[J]. 国外金属热处理,2003,24(3):1-5.

[110] XU J,LIU W J,ZHONG M L. Microstructure and dry sliding wear behavior of MoS_2/TiC/ Ni composite coatings prepared by laser cladding[J]. Surface and Coatings Technology, 2006,200(14/15):4227-4232.

[111] LIU Z M. Abrasive wear control design of a metal thermal spray coating and its appliction[J]. Tribology International,1994,27(4):219-225.

[112] HUANG S W,SAMANDI M,BRANDT M. Abrasive performance and microstructure of laser clad WC/Ni layers [J]. Wear,2004,256(11/12):1095-1105.

[113] ZHANG D W,LEI T C,LI F J. Laser cladding of stainless steel with $Ni-Cr_3C_2$ for improved wear performance[J]. Wear,2001,251(1/2/3/4/5/6/7/8/9/10/11/12):1372-1376.

[114] YANG S,LIU W J,ZHONG M L,et al. TiC reinforced composite coating produced by pow-

der feeding laser cladding[J]. Materials Letters,2004,58(24):2958-2962.

[115] CHEN H,XU C,QU J,et al. Sliding wear behaviour of laser clad coatings based upon a nickel-based self-fluxing alloy co-deposited with conventional and nanostructured tungsten carbine-cobalt hardmetals[J]. Wear,2005,259(7/8/9/10/11/12):801-806.

[116] CADENAS M,VIJANDE R,MONTES H J,et al. Wear bahaviour of laser cladded and plasma sprayed WC-Co coatings[J]. Wear,1997,212(2):244-253.

[117] 邱明,钱亚明. 摩擦学原理与设计[M]. 北京:国防工业出版社,2013.

[118] 黄志坚. 润滑技术及应用[M]. 北京:化学工业出版社,2015.

[119] 余晓流. 摩擦学与润滑技术[M]. 合肥:合肥工业大学出版社,2013.

[120] 刘维民,翁立军,孙嘉奕. 空间润滑材料与技术手册[M]. 北京:科学出版社,2009.

[121] 张剑,金映丽,马光贵,等. 现代润滑技术[M]. 北京:冶金工业出版社,2008.

[122] 王毓民,王恒. 润滑材料与润滑技术[M]. 北京:化学工业出版社,2005.

[123] 王成彪,刘家浚,韦淡平,等. 摩擦学材料及表面工程[M]. 北京:国防工业出版社,2012.

[124] 徐滨士,朱绍华,刘世参. 材料表面工程技术[M]. 哈尔滨:哈尔滨工业大学出版社,2014.

[125] 姜银方,王宏宇. 现代表面工程技术[M]. 北京:化学工业出版社,2014.

[126] 徐滨士,朱绍华. 表面工程的理论与技术[M]. 北京:国防工业出版社,2010.

[127] 王成焘. 人体生物摩擦学[M]. 北京:科学出版社,2008.

[128] 温诗铸. 纳米摩擦学[M]. 北京:清华大学出版社,1998.

[129] 王超,王金. 机械可靠性工程[M]. 北京:冶金工业出版社,1992.

[130] 郝静如,米洁,李启光. 机械可靠性工程[M]. 北京:国防工业出版社,2008.

[131] 胡湘洪,高军,李尽. 可靠性试验[M]. 北京:电子工业出版社,2015.

[132] 何国伟,戴慈庄. 可靠性试验技术[M]. 北京:国防工业出版社,1995.

[133] 周秀岭. CrMo铸铁表面激光熔覆Ni基高温合金粉末的磨损特性[D]. 沈阳:东北大学,2007.

[134] 贺杰. 齿轮传动可靠寿命的试验研究[D]. 沈阳:东北大学,2009.

[135] 刘振学,王力. 实验设计与数据处理[M]. 北京:化学工业出版社,2015.

[136] 王万中. 试验设计与分析[M]. 北京:高等教育出版社,2004.

[137] 方开泰. 均匀设计及其应用[J]. 数理统计与管理,1994,13(1):57-63.

[138] 李云雁,胡传荣. 试验设计与数据处理[M]. 北京:化学工业出版社,2005.

[139] 方开泰. 均匀设计-数论方法在试验设计中的应用[J]. 应用数学学报,1980,3(4):363-372.

[140] 方开泰,马长兴. 正交与均匀试验设计[M]. 北京:科学出版社,2001.

[141] 方开泰. 均匀设计与均匀设计表[M]. 北京:科学出版社,1994.

[142] 钟声,曹占义. 磨损图的研究方法[J]. 长春大学学报,2004,14(6):5-7.

[143] 杨德华,薛群基. 磨损图研究的发展现状与趋势[J]. 摩擦学学报,1995,15(3):281-287.

[144] RAVIKIRAN A, LIM S C. A better approach to wear-rate representation in non-conformal contacts[J]. Wear, 1999, 225/226/227/228/229(Part 2):1309-1314.

[145] 朱涛. 基于相似数据和均匀实验设计的磨损研究[D]. 沈阳:东北大学,2010.

[146] 孙荣恒. 应用数理统计[M]. 北京:科学出版社,2003.

[147] 何晓群,刘文卿. 应用回归分析[M]. 北京:中国人民大学出版社,2001.

[148] 方建华,陈波水,董凌,等. 酰胺型改性菜籽油润滑添加剂对钢-钢摩擦副和钢-铝摩擦副摩擦磨损性能的影响[J]. 摩擦学学报,2005,25(2):145-148.

[149] 王惠文. 偏最小二乘回归方法及其应用[M]. 北京:国防工业出版社,1999.

[150] YAN Y T, SUN Z L, HU G W. A wear life predication method based on partial least Squares under boundary lubrication [J]. Advanced Materials Research, 2012, 479/480/481:1124-1128.

[151] 唐启义,唐洁. 偏最小二乘回归分析在均匀设计试验建模分析中的应用[J]. 数理统计与管理,2005,25(5):45-50.

[152] 高玉龙,陈艳平,何晨光. 随机过程分析与处理[M]. 哈尔滨:哈尔滨工业大学出版社,2017.

[153] STARK H, WOODS J W. 概率、统计与随机过程[M]. 罗鹏飞,译. 北京:电子工业出版社,2015.

[154] 赵达纲,朱迎善. 应用随机过程[M]. 北京:机械工业出版社,1993.

[155] 曹晋华,程侃. 可靠性数学引论[M]. 北京:高等教育出版社,2005.

[156] 周荫清. 随机过程导论[M]. 北京:北京航空学院出版社,1987.

[157] 田铮,秦超英. 随机过程与应用[M]. 北京:科学出版社,2007.

[158] 孙荣恒. 随机过程及其应用[M]. 北京:清华大学出版社,2004.

[159] 蒋庆琅. 随机过程原理与生命科学模型[M]. 上海:上海翻译出版公司,1986.

[160] 张卓奎,陈惠婵. 随机过程[M]. 西安:西安电子科技大学出版社,2003.

[161] HSU B M, SHU M H. Relability assessment and replacement for machine tools under wear deterioration[J]. International Journal of Advanced Manufacturing Technology,2010,48(1/2/3/4):355-365.

内 容 简 介

本书系统阐述了机械磨损可靠性设计及其分析技术,内容包括摩擦磨损试验的方案设计及数据处理、磨损预测静态模型、磨损的随机可靠性预测、磨损的模糊可靠性预测、磨损的随机过程分析及基本模型,以及基于随机过程的磨损可靠性预测。

本书可供从事机械产品设计、制造、使用及管理的工程技术人员阅读、参考。同时,本书也可作为本科生毕业设计,硕士生、博士生开展科研工作时的参考用书。

Mechanical wear reliability design and its analysis technique are systematically expatiated in this book, the content includes experiment scheme and design and data processing of friction and wear, static prediction model of wear, stochastic reliability prediction of wear, fuzzy reliability prediction of wear, stochastic process analysis and fundamental model of wear, and reliability prediction of wear based on stochastic process.

This book can be used as a reference for engineering technicians engaged in the design, manufacture, use and management of mechanical produets. At the same time, this book can also be used as a reference book for undergraduate graduation project, master students and doctoral students to carry out scientific research work.